交直流调速系统的运行与维护

主　编　原传煜　谢冬梅
副主编　孙海军　冯珊珊　高　馨

北京理工大学出版社
BEIJING INSTITUTE OF TECHNOLOGY PRESS

内 容 提 要

　　本书内容分为直流篇、交流篇以及实训篇和实践篇共4篇，全书共分10个模块，依照项目式教学模式编写。书中阐述了交直流电动机调速控制的基本原理和实现方法及应用场合，每个项目的开头明确了学生学习的知识目标和能力目标。书中所涉及的内容包括单闭环和双闭环直流调速系统、可逆直流调速系统、直流脉宽调速系统、数字测速、交流调压调速、串级调速、变频调速、矢量控制以及变频器。本书的实训内容与理论教学内容紧密联系，实践部分以西门子6SE70变频器为例。

　　本书可作为高职高专自动化类专业及相关专业的教材，也可作为电大、中职院校的参考书。

版权专有　侵权必究

图书在版编目（CIP）数据

　　交直流调速系统的运行与维护／原传煜，谢冬梅主编 . —北京：北京理工大学出版社，2017.2
（2020.1 重印）
　　ISBN 978 - 7 - 5682 - 3597 - 6

　　Ⅰ. ①交… 　Ⅱ. ①原… ②谢… 　Ⅲ. ①交流调速－控制系统－运行②交流调速－控制系统－维修③直流调速－控制系统－运行④直流调速－控制系统－维修 　Ⅳ. ①TM921.5

　　中国版本图书馆 CIP 数据核字（2017）第 016145 号

出版发行／北京理工大学出版社有限责任公司
社　　　址／北京市海淀区中关村南大街 5 号
邮　　　编／100081
电　　　话／（010）68914775（总编室）
　　　　　　（010）82562903（教材售后服务热线）
　　　　　　（010）68948351（其他图书服务热线）
网　　　址／http：//www. bitpress. com. cn
经　　　销／全国各地新华书店
印　　　刷／北京国马印刷厂
开　　　本／787 毫米×1092 毫米　1/16
印　　　张／13.25　　　　　　　　　　　　　　　责任编辑／王艳丽
字　　　数／312 千字　　　　　　　　　　　　　　义案编辑／王艳丽
版　　　次／2017 年 2 月第 1 版　2020 年 1 月第 3 次印刷　　责任校对／周瑞红
定　　　价／38.00 元　　　　　　　　　　　　　　责任印制／李志强

　　　　　　　　　　　　　　图书出现印装质量问题，请拨打售后服务热线，本社负责调换

前言

Preface

　　本书是应辽宁省高职改革发展示范学校建设的要求，并依照教育部高职高专自动化专业建设与教学改革研讨会的会议精神而编写的教学用书。"交直流调速系统的运行与维护"这门课程是自动化类专业的一门重要的专业技术课。为适应职业教育的迅速发展，根据示范学校建设的要求，在教学实施中，我们对教材内容进行了调整。删去了理论推导过程和复杂的计算公式，尽量简化教材，注重实践和结论，以适应高职学生的学习需要，本书就是在此基础上编写而成的。

　　本书内容分为直流篇、交流篇以及实训篇和实践篇共4篇，全书共分10个模块，依照项目式教学模式编写。书中阐述了交、直流电动机调速控制的基本原理和实现方法及应用场合，每个项目的开头明确了学生学习的知识目标和能力目标。书中所涉及的内容包括单闭环和双闭环直流调速系统、可逆直流调速系统、直流脉宽调速系统、数字测速、交流调压调速、串级调速、变频调速、矢量控制及变频器，着重物理概念的阐述和系统工作过程的分析。本书包括部分实训内容和实践内容，实训内容与理论教学内容紧密联系，实践部分以西门子6SE70变频器为例，本书强调工程应用，可根据工程现场需要进行内容取舍。

　　本书根据当前交直流调速技术的发展现状，侧重反映工业中新的调速技术和调速系统。配合高职高专"双员制"人才培养的需要，突出针对性、实用性，加强实践能力的培养，提高学生的实际操作水平和应用能力，提高学生的学习兴趣，充分体现高职教育的特色。让学生能学以致用，了解就业岗位，准确定位就业方向。

　　本书由原传煜、谢冬梅主编。第一、二、三、十模块由原传煜编写；第四、五模块由冯珊珊编写；第六、七模块由谢冬梅编写；第八模块由孙海军编写；第九模块由高馨编写。全书由原传煜统稿并审核。

　　由于编者水平有限，书中难免有疏漏和不妥之处，敬请读者批评指正。

编　者

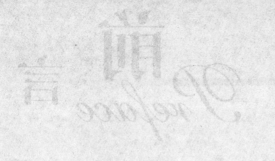

目录 Contents

第二篇 交流篇

第 一 篇

直 流 篇

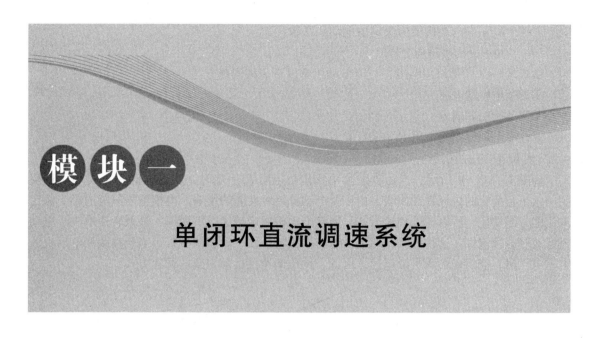

模块一

单闭环直流调速系统

项目一 单闭环直流调速系统的概念和性能指标

知识目标

了解静差率的概念。

熟悉调速系统的性能指标。

理解直流电动机机械特性的变化过程。

掌握直流电动机的调速方法。

能力目标

能够根据不同的负载选择合适的直流电机的调速方法。

能够根据转速与转矩特性曲线分析静态指标。

任务一 直流调速系统的基本概念

直流电动机调速系统在电力拖动调速系统中占据很重要的地位，由于直流电动机具有良好的运行和控制特性，并且直流调速系统的理论和实践都很成熟，因此在许多工业领域得到广泛的应用，如挖掘、轧钢、造纸、纺织等诸多领域。

直流电动机转速表达式为

$$n = \frac{U_\mathrm{d} - I_\mathrm{d}R_\mathrm{a}}{K_\mathrm{e}\varPhi} \tag{1-1}$$

式中　n——电动机转速，r/min；

$\quad\quad U_\mathrm{d}$——电动机电枢电压，V；

$\quad\quad I_\mathrm{d}$——电动机电枢电流，A；

$\quad\quad R_\mathrm{a}$——电动机电枢回路电阻，Ω；

K_e——电动机结构决定的电动势常数；

Φ——励磁磁通，Wb。

由式（1-1）可以总结出，直流电动机有以下 3 种调速方法。

①调节电枢端电压 U_d。

②调节励磁磁通 Φ。

③改变电枢回路的电阻 R_a。

3 种调速方法的机械特性如图 1-1 所示。

如图 1-1（a）所示，当励磁磁通 Φ 和电枢电阻 R_a 一定时，改变电枢端电压 U_d 可以得到一组平行变化的机械特性曲线。由于受电动机绝缘性能的影响，电枢电压只能向小于额定电压的方向变化，所以这种调速方式只能在电动机额定转速以下调速，最低转速取决于电动机低速时的稳定性。这种方法调速范围宽、机械特性硬、动态性能好，当连续改变电动机的电枢电压时，能实现无级平滑调速。因此，调压调速是目前主要的调速方式。

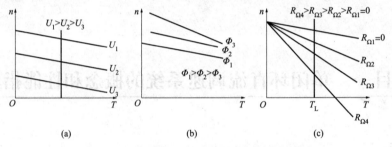

图 1-1　直流电动机 3 种调速的机械特性曲线

如图 1-1（b）所示，当电枢端电压 U_d 和电枢回路的电阻 R_a 不变时，考虑到电动机额定运行时磁路已接近饱和，励磁磁通只能向小于额定磁通的方向变化。因此，减弱磁通时电动机的转速会升高，机械特性曲线出现上翘。但受电动机换向器和机械强度的限制，调速范围很窄。如果调压和调磁相结合，可以扩大调速范围。

如图 1-1（c）所示，当电枢端电压 U_d 和励磁磁通 Φ 一定时，在电动机电枢回路中串接不同的附加电阻，也可以实现电动机的转速调节。但该方法损耗大，只能实现有级调速，并且串接附加电阻后电动机的机械特性明显变软，稳定性差，通常只用于小功率场合。

任务二　直流调速系统的调速性能指标

不同的生产机械，因生产工艺不同，对控制系统的调速性能指标要求也不相同。归纳起来主要有以下 3 个方面。

（1）调速。电动机在某一负载下运行，它的转速能在最高转速和最低转速之间有级或无级调节。

（2）稳速。电动机在某一速度下运行时不因外界干扰（负载变化、电网电压波动）而引起转速发生过大的波动，使速度保持一定的精度。

（3）加、减速控制。要求电动机的起动、制动过程尽可能平稳，并尽量缩短起动、制动时间，以提高生产效率。

从上述 3 个方面考虑，调速系统的性能指标可概括为稳态性能指标和动态性能指标。

一、稳态性能指标

1. 调速范围

电动机拖动额定负载时运行的最高转速与最低转速之比，用 D 表示，即

$$D = \frac{n_{\max}}{n_{\min}} \qquad (1-2)$$

对于调压调速系统而言，电动机的最高转速 $n_{\max}$ 就是其额定转速 n_n。D 越大，说明系统的调速范围越宽。

2. 静差率

静差率是指电动机稳定运行时，当负载由理想空载增加至额定负载时，对应的转速降落 Δn_n 与理想空载转速 n_0 之比，用 s 表示，即

$$s = \frac{\Delta n_n}{n_0} = \frac{n_0 - n_n}{n_0}$$

或用百分数表示，即

$$s = \frac{\Delta n_n}{n_0} \times 100\% \qquad (1-3)$$

静差率反映了电动机转速受负载变化的影响程度，它与机械特性有关，机械特性越硬，静差率越小，转速的稳定性越高。

然而静差率和机械特性硬度又有区别。如图 1-2 所示，a 和 b 为调压调速系统的机械特性，两者机械特性硬度相同，即额定转速降落 $\Delta n_a = \Delta n_b = 10 \ r/min$；但它们的静差率却不相同，其原因是理想空载转速不同。根据式（1-3）的定义，A 点的静差率为 1%，B 点的静差率为 10%。由于 $n_{0a} > n_{0b}$，所以 $s_a > s_b$。

对于机械特性硬度相同的系统而言，理想空载转速越低，静差率越大，转速的相对稳定性也越差。一个调速系统中，如果最低速时的静差率能够达到要求，那么高于最低速时的静差率一般都能达到要求。

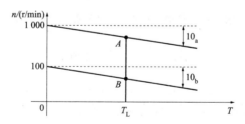

图 1-2　不同转速下的静差率曲线

调速范围和静差率这两项指标是相互联系的。离开了对静差率的要求，调速范围便失去了意义。一个调速系统的调速范围，是指在最低转速时满足静差率要求下系统所能达到的最大调速范围。

3. D、s 和 Δn_n 之间的关系

在调压调速系统中，电动机的最高转速即为额定转速，静差率为系统工作在最低转速时的静差率，那么最低转速为

$$n_{\min} = n_{0\min} - \Delta n_{\mathrm{n}} = \frac{\Delta n_{\mathrm{n}}}{s} = \frac{\Delta n_{\mathrm{n}}\,(1-s)}{s}$$

则调速范围和静差率与转速降落满足

$$D = \frac{n_{\max}}{n_{\min}} = \frac{s n_{\mathrm{n}}}{\Delta n_{\mathrm{n}}\,(1-s)} \tag{1-4}$$

由式（1-4）可以看出，一个调速系统的机械特性硬度或 Δn 一定时，如果对静差率要求越高，即静差率越小，则系统的调速范围越小。

二、动态性能指标

由于实际系统存在电磁和机械惯性，因此转速的调节会有一个动态响应的过程。这一动态过程的指标分为两大类，即跟随性能指标和抗扰性能指标。

1. 跟随性能指标

当给定信号变化方式不同时，输出响应也不一样。交直流调速系统的跟随性能指标一般用零初始条件下，系统对阶跃输入信号的输出响应过程来表示。阶跃输入时的典型跟随过程如图 1-3 所示。

（1）上升时间 t_{r}。在阶跃响应过程中，输出量从零开始，第一次上升到稳态值 n_{∞} 所经历的时间，称为上升时间。它反映了系统动态响应的快速性。

（2）超调量 σ。在阶跃响应过程中输出量超出稳态值的最大偏差与稳态值之比，用百分数表示，即

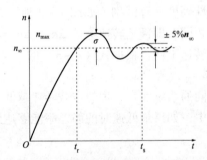

图 1-3　典型阶跃响应曲线和跟随性能指标

$$\sigma\% = \frac{n_{\max} - n_{\infty}}{n_{\infty}} \times 100\% \tag{1-5}$$

（3）调节时间 t_{s}。在阶跃响应过程中，输出量衰减到与稳态值之差进入 $\pm 5\%$ 或 $\pm 2\%$ 的允许误差范围之内所需要的最小时间，称为调节时间，又称为过渡过程时间。它能衡量系统整个调节过程的快慢，调节时间 t_{s} 越短，系统响应的快速性越好。

2. 抗扰性能指标

当控制系统在稳定运行过程中受到电动机负载变化、电网电压波动等干扰因素的影响时，会引起输出量的变化，经历一段动态过程后，系统总能达到新的稳态。这一恢复过程就是系统的抗扰过程。一般以系统稳定运行中突加负载的阶跃扰动后的过渡过程作为典型的抗扰过程，如图 1-4 所示。

（1）动态降落 $\Delta n_{\max}\%$。系统稳定运行时，突加一个扰动量后引起的最大转速降落 $\Delta n_{\max}$ 称为动态降落，用输出量的原稳态值 $n_{\infty 1}$ 的百分数来表示。当输出量在动态降落后又恢复到

新的稳态值 $n_{\infty 2}$ 时，偏差（$n_{\infty 1}-n_{\infty 2}$）表示系统在该扰动作用下的稳态降落，一般动态降落都大于稳态降落。

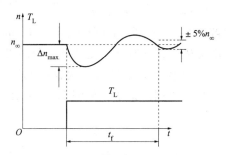

图 1-4　突加负载时的动态响应过程和抗扰性能指标

（2）恢复时间 t_f。从阶跃扰动作用开始，到输出量进入新稳态值 $n_{\infty 2}$ 的 $\pm 5\%$ 或 $\pm 2\%$ 所需要的时间。恢复时间越短，系统的抗扰能力越强。

（3）振荡次数。振荡次数为在恢复时间内被调量在稳态值上下摆动的次数，它代表系统的稳定性和抗扰能力的强弱。

项目二　转速负反馈有静差直流调速系统

知识目标

了解开环控制。

熟悉闭环控制系统的组成。

理解闭环和开环机械特性的区别。

掌握反馈控制规律。

掌握负反馈闭环调速系统的特性方程。

掌握负反馈闭环调速系统开环和闭环特性的区别。

能力目标

能够分析有静差直流调速的控制规律。

能够分析闭环控制系统静特性硬的原因。

任务一　单闭环转速负反馈调速系统的组成及静特性

案例： 某一铣床采用直流电动机拖动，电动机的额定转速 $n_n=900 \text{r/min}$，要求最低转速 $n_{\min}=900 \text{r/min}$，由开环系统决定的转速降落 $\Delta n_n=80 \text{r/min}$。现要求静差率 $s \leqslant 0.1$。

① 问开环控制的晶闸管直流调速系统能否满足要求？

② 如果不满足怎么办？

依系统要求，调速范围 $D=\dfrac{900}{100}=9$，要满足 $s \leqslant 0.1$，$D=\dfrac{sn_n}{\Delta n_n(1-s)}=\dfrac{0.1 \times 900}{80 \times 0.9}=1.25$。

很显然，调速范围不满足要求，因为系统的转速降落 Δn_n 太大。若要同时满足 $D=9$ 和

$s \leqslant 0.1$ 的指标要求，则必须降低 Δn_n，而满足要求的 Δn_n 依据式（1-4）有

$$\Delta n_n = \frac{s n_n}{D(1-s)} = \frac{0.1 \times 900}{9 \times 0.9} r/min = 11.1 r/min$$

若要把转速降落从开环调速系统的 80r/min 降低到 11.1r/min，实际上是使调速系统的机械特性变硬，也就是说，电动机的转速基本不受负载变化的影响。根据自控原理，引入一个被调量的负反馈，组成一个闭环控制系统即可解决这一问题。这里引入一个速度反馈信号，组成一个单闭环转速负反馈直流调速系统，如图1-5所示。

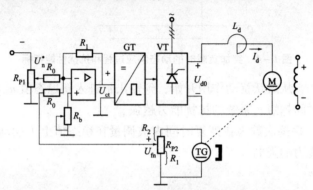

图1-5 单闭环转速负反馈闭环调速系统原理框图

依据图1-5所示的调速系统的原理框图，假设系统各个物理量之间存在线性关系，依照自动控制理论，将其转换成系统的稳态结构，如图1-6所示。

依据图1-6，系统各个环节物理量之间的稳态关系如下。

对于电压比较环节，有

$$\Delta U_n = U_n^* - U_{fn}$$

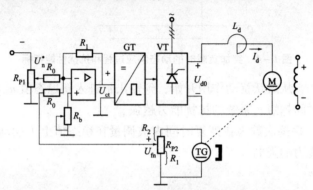

图1-6 单闭环转速负反馈闭环调速系统的稳态结构

对于放大器，有

$$U_{ct} = K_p \Delta U_{ct}$$

对于晶闸管整流器及触发装置，有

$$U_{d0} = K_s U_{ct}$$

对于转速检测环节，有

$$U_{fn} = \frac{R_1}{R_1 + R_2} C_e n = \alpha n$$

对于开环机械特性，有

$$n = \frac{U_{d0} - I_d R}{C_e}$$

式中 K_p——放大器的放大系数；

K_s——晶闸管整流器和触发装置的放大系数；

α——测速反馈系数，$V \cdot r/min$；

R——电动机电枢回路的总电阻，Ω。

消去上述关系式中的中间变量或通过稳态结构图均可得到系统的静特性方程式，即

$$n = \frac{K_p K_s U_n - I_d R}{C_e \ (1 + K_p K_s \alpha / C_e)} = \frac{K_p K_s U_n}{C_e \ (1 + K)} - \frac{I_d R}{C_e \ (1 + K)} = n_{0cl} - \Delta n_{cl} \quad (1-6)$$

式中　$K = K_p K_s \alpha / C_e$——闭环系统的开环放大系数，相当于断开反馈回路后各个环节单独放大系数的乘积；

n_{0cl}——闭环系统的理想空载转速，r/min；

Δn_{cl}——闭环系统的稳态速降，r/min。

如果将图 1-6 中的速度反馈回路断开，则上述系统的开环机械特性为

$$n = \frac{U_{d0} - I_d R}{C_e} = \frac{K_p K_s U_n^*}{C_e} - \frac{I_d R}{C_e} = n_{0op} - \Delta n_{op} \quad (1-7)$$

式中，n_{0op} 和 Δn_{op} 分别为开环系统的理想空载转速和稳态速降。比较式（1-7）和式（1-6）可以得出以下结论。

（1）闭环系统的静特性比开环系统的机械特性硬得多。在同样的负载下，两者的稳态速降分别为

$$\Delta n_{cl} = \frac{I_d R}{C_e \ (1 + K)}$$

$$\Delta n_{op} = \frac{I_d R}{C_e}$$

它们的关系为

$$\Delta n_{cl} = \frac{\Delta n_{op}}{1 + K} \quad (1-8)$$

显然，当 K 值较大时，Δn_{cl} 比 Δn_{op} 要小得多，也就是说，闭环系统的静特性比开环系统的机械特性硬得多。

（2）闭环系统的静差率比开环系统的静差率小得多。闭环系统和开环系统的静差率分别为

$$s_{cl} = \frac{\Delta n_{cl}}{n_{0cl}}$$

$$s_{op} = \frac{n_{op}}{s_{op}}$$

当 $n_{0cl} = n_{0op}$ 时，则

$$s_{cl} = \frac{s_{op}}{1 + k} \quad (1-9)$$

（3）当静差率要求一定时，闭环系统的调速范围可以大大提高。假设电动机的最高转速都是 n_0，并且对最低转速的静差率要求也相同，则

$$D_{op} = \frac{s n_n}{\Delta n_{op} \ (1 - s)}$$

$$D_{cl} = \frac{s n_n}{\Delta n_{cl}(1-s)}$$

再结合式（1-8）得

$$D_{cl} = (1+k)D_{op} \tag{1-10}$$

综上所述，闭环系统可以获得比开环系统硬得多的静特性，且闭环系统的开环放大系数越大，静特性越硬，在保证一定静差率要求下其调速范围也越大，但前提条件是系统必须增设速度检测与反馈环节及放大器。

那么，闭环系统为什么能降低稳态速降呢？究其原因，在开环系统中，转速降落 Δn 的大小只取决于电枢回路的电阻及所加的负载大小。当系统改为闭环控制后，如图 1-7 所示。

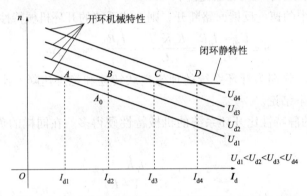

图 1-7　闭环系统的静特性和开环机械特性的关系曲线

从静特性上看，当负载电流由 I_{d1} 增大到 I_{d2} 时，若为开环系统，仅依靠电动机内部的调节作用，转速将由 n_A 降落到 n_{A0}（输出电压的平均值仍为 U_{d1}）。设置了转速负反馈环节之后，它将使整流电压由 U_{d1} 上升到 U_{d2}。电动机由机械特性曲线 1 的 A 点过渡到曲线 2 的 B 点上稳定运行。这样，每增加（或减少）一点负载，整流电压就响应地提高（或降低）一点。闭环系统的静特性就是由许多这样的位于各条开环机械特性上的工作点（如图 1-7 中 A、B、C、D）集合而成，闭环系统的静特性比开环系统硬得多。

由此看来，闭环系统能减少稳态速降的实质在于其自动调节作用，在于它能够随着负载的变化而相应地改变整流输出电压。

任务二　闭环反馈的控制规律

转速闭环调速系统是一种基本的反馈控制系统，它有 4 个基本特征，也是反馈控制的基本规律。

1. 有静差

具有比例放大器的反馈闭环控制系统是有静差的。从前面对静特性的分析可以看出，闭环控制系统的静特性指标与它的开环放大系数 K 有很大关系；K 越大，静特性越硬。

2. 被调量紧紧跟随给定量变化

给定信号如果有细微的变化，被调量会立即随之变化。在反馈调速系统中，只要给定电压 U_n^* 发生改变，转速就随之变化。

3. 抗扰作用

当给定电压不变时，引起转速变化的所有因素称为扰动。前面只讨论了负载变化的转速降落一种扰动的情况，事实上电网电压波动、电动机励磁变化、放大器放大系数漂移等因素都会引起转速变化，但系统都能有效抑制。下面通过图 1 – 8 举例说明。

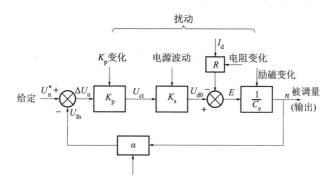

图 1 – 8　反馈控制系统的给定作用和扰动作用

例如：

（1）当放大器放大系数温度变化产生漂移使 K_p 上升，则

$K_P \uparrow \to U_{ct} \uparrow \to U_{d0} \uparrow \to I_d \uparrow \to n \uparrow \to U_n \uparrow \to \Delta U_n = (U_n^* - U_n) \downarrow \to U_n \downarrow \to U_{d0} \downarrow \to n \downarrow$

即放大器放大系数引起的转速变化，最终可通过反馈控制作用减小对转速的影响。

（2）当电网电压波动使

$U_{d0} \uparrow \to I_d \uparrow \to n \uparrow \to U_n \uparrow \to \Delta U_n = (U_n^* - U_n) \downarrow \to U_{ct} \downarrow \to U_{d0} \downarrow \to n \downarrow$

最终也可以通过负反馈得到调节。

4. 对于给定电源和检测装置中的扰动反馈控制系统是无法抑制的

由于被调量转速紧跟给定电压变化，当给定电源发生不应有的波动时，转速也随之变化。反馈控制系统无法识别是正常的调节信号还是波动，因此高精度的调速系统需要高精度的给定电源。

此外，反馈控制系统也无法抑制由于反馈检测环节本身所引起的转速偏差。如果图 1 – 8 中的测速发电机的励磁发生变化，则转速反馈电压 U_{fn} 必然改变，通过系统的反馈调节，反而是转速离开了原应保持的转速。因此，高精度的系统还必须有高精度的反馈检测元件。

任务三　单闭环转速负反馈的动态特性

前面讨论了单闭环转速负反馈调速系统的稳态性能，如果转速负反馈调速系统的开环放大系数 K 足够大，系统的稳态速降就会大大降低，满足系统的稳态要求。但由自动控制原理可知，过大的放大系数有可能引起闭环系统的不稳定，需要进行系统校正才能正常运行。为此，必须进一步分析闭环系统的动态性能。

为定量分析单闭环调速系统的动态性能，必须建立系统的动态数学模型。一般方法是：列出系统各个环节的微分方程；进行拉普拉斯变换；得到系统各个环节的传递函数；画出系统的动态结构图；求出系统的传递函数。

1. 直流电动机的数学模型

直流电动机电枢回路的电压平衡方程式为

$$U_{d0} - E = I_d R + L \frac{dI_d}{dt} = R \left(I_d + \frac{L}{R} \frac{dI_d}{dt} \right) \tag{1-11}$$

对式（1-11）进行拉普拉斯变换得

$$U_{d0}(s) - E(s) = R \left[I_d(s) + T_L I_d(s) s \right] = R I_d(s)(1 + T_L s) \tag{1-12}$$

整理式（1-12）得电压与电流之间的传递函数为

$$\frac{I_d(s)}{U_{d0}(s) - E(S)} = \frac{\frac{1}{R}}{1 + T_L s} \tag{1-13}$$

式中 $T_L = \dfrac{L}{R}$——电枢回路电动势时间常数，s；

R——电枢回路总电阻，Ω；

L——电枢回路总电感，H。

又，直流电动机的运动方程式为

$$T_e - T_{dl} = J \frac{dw}{dt} = \frac{GD^2}{4g} \cdot \frac{2\pi}{60} \cdot \frac{dn}{dt} = \frac{GD^2}{375} \cdot \frac{dn}{dt} \tag{1-14}$$

由式（1-14）可得

$$I_d - I_{dL} = \frac{GD^2}{375 C_m} \cdot \frac{dn}{dt} = \frac{T_m}{R} \cdot \frac{dE}{dt} \tag{1-15}$$

式中 I_d——电枢电流 A；

I_{dL}——负载电流 A；

$T_m = \dfrac{GD^2 R}{375 C_e C_m}$——电动机机电时间常数，s。

对式（1-15）进行拉普拉斯变换得

$$\frac{E(S)}{I_d(s) - I_{dL}(s)} = \frac{R}{T_m s} \tag{1-16}$$

由式（1-13）和式（1-16）可得直流电动机的动态结构框图如图1-9所示。

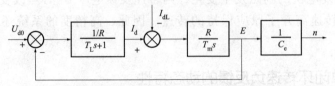

图1-9 直流电动机的动态结构框图

2. 晶闸管触发与整流装置的传递函数

三相全控整流电路由于效率高，因此得到广泛应用。但在整流过程中，当控制角由 α_1 变到 α_2 时，若晶闸管已导通，则 U_{d0} 的改变要等到下一个自然换相点以后才能开始，所以整流电压的改变要滞后于控制电压的改变，这段滞后时间称为失控时间，用 T_s 表示（一般取 1.67ms）。那么晶闸管触发和整流装置的输入/输出关系为

$$U_{d0}(s) = K_s U_{ct} \cdot 1 (t - T_s) \tag{1-17}$$

式（1-17）经拉普拉斯变换得

$$\frac{U_{d0}(s)}{U_{ct}(s)} = K_s e^{-T_s s} \tag{1-18}$$

式（1-18）中由于含有指数项，不便于分析，要做近似处理。将指数项应用泰勒级数展开得

$$e^{-T_s s} = \frac{1}{\left(1 + T_s s + \frac{T_s^2 s^2}{2!} + \frac{T_s^3 s^3}{3!} + \cdots\right)}$$

由于 T_s 很小，忽略高次项，可近似为一阶惯性环节，则晶闸管整流器的传递函数为

$$\frac{U_{d0}(s)}{U_{ct}(s)} \approx \frac{K_s}{1 + T_s s} \tag{1-19}$$

3. 放大器的传递函数

忽略输入端的滤波，放大器的数学模型为 $U_{ct}(t) = K_p \Delta U_n(t)$，则放大器的传递函数为

$$\frac{U_{ct}(s)}{\Delta U_n(s)} = K_p \tag{1-20}$$

4. 测速反馈环节的传递函数

忽略反馈环节的滤波，该环节的数学模型为 $U_n(t) = \alpha \cdot n(t)$，则测速反馈环节的传递函数为

$$\frac{U_n(s)}{n(s)} = \alpha \tag{1-21}$$

综合以上各个环节的传递函数，按照系统各个环节的关系依次连接起来，便得到单闭环转速负反馈直流调速系统的动态结构框图，如图 1-10 所示。

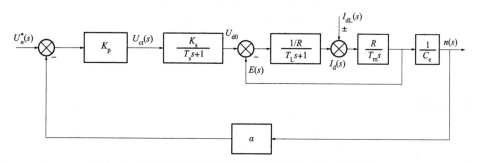

图 1-10　单闭环转速负反馈直流调速系统的动态结构框图

为便于定量分析，将图 1-10 中的电动机环节应用框图变换进行化简，得到简化后的动态结构框图如图 1-11 所示。

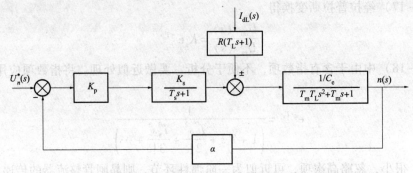

图 1-11 简化后的单闭环转速负反馈直流调速系统的动态结构框图

5. 单闭环转速负反馈直流调速系统的稳定性分析

由图 1-11 可得系统的闭环传递函数为

$$W_{cl}(s) = \frac{\dfrac{K_p K_s}{C_e}}{\dfrac{(T_s s+1)(T_m T_L s^2 + T_m s + 1)}{\dfrac{K_p K_s \alpha}{C_e}}} = \frac{\dfrac{K_p K_s}{C_e}}{\dfrac{1+K}{\dfrac{T_m T_L T_s}{1+K}s^3 + \dfrac{T_m(T_L+T_s)}{1+K}s^2 + \dfrac{T_m+T_s}{1+K}s+1}} \qquad (1-22)$$

由式(1-22)可知,这是一个 3 阶系统,其特征方程为

$$\frac{T_m T_L T_s}{1+K}s^3 + \frac{T_m(T_L+T_s)}{1+K}s^2 + \frac{T_m+T_s}{1+K}s = 0 \qquad (1-23)$$

其一般表达式为

$$a_3 s^3 + a_2 s^2 + a_1 s + a_0 = 0$$

依据 3 阶系统的劳斯稳定判据,系统稳定的必要条件为

$$a_0 > 0, \ a_1 > 0, \ a_2 > 0, \ a_3 > 0 \ 且 \ a_1 a_2 > a_0 a_3$$

则单闭环转速负反馈直流调速系统的稳定条件为

$$\frac{T_m(T_L+T_s)(T_m+T_s)}{(1+K)^2} > \frac{T_m T_L T_S}{1+K}$$

化简整理得

$$K < \frac{T_m(T_L+T_s) + T_s^2}{T_L T_s} = K_{cr} \qquad (1-24)$$

式(1-24)中的 K_{cr} 为临界放大系数,K 值超过此值系统将不稳定。对于自动控制系统而言,稳定是首要条件。因此,要通过串联校正来改善系统的稳定性。

项目三 转速负反馈无静差直流调速系统

知识目标

了解直流电动机无静差系统的动态结构框图。

熟悉系统各个环节的传递函数。

理解临界放大系数的由来。

掌握比例积分电路的控制原理。

能力目标

能够分析无静差的原因。

能够分析速度环的作用机理，会画系统稳态结构图。

之前讨论的闭环控制系统是有静差的，若要实现无静差控制，根据自动控制理论，还需要引入积分控制，与比例控制一起组成比例积分调节器，也就是通常所说的 PI 调节器。

任务一　比例积分调节器的组成及控制规律

比例积分电路如图 1 – 12（a）所示。按照运算放大器的输入和输出关系可得

$$U_o = \frac{R_1}{R_0}U_i + \frac{1}{R_0 C_1}\int U_i \mathrm{d}t = K_{pi}U_i + \frac{1}{\tau}\int U_i \mathrm{d}t \tag{1-25}$$

式中　$K_{pi} = \dfrac{R_1}{R_0}$——PI 调节器比例部分的放大系数；

　　　　$\tau = R_0 C_1$——PI 调节器的时间常数，s。

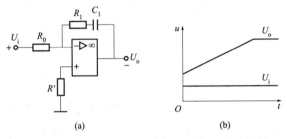

图 1 – 12　比例积分调节器电路和输入/输出特性

对式（1 – 25）进行拉普拉斯变换可得比例积分调节器的传递函数为

$$W_{pi}(s) = \frac{U_o(s)}{U_i(s)} = K_{pi} + \frac{1}{\tau s} = \frac{K_{pi}\tau s + 1}{\tau s}$$

令 $\tau_1 = K_{pi}\tau_1 = R_1 C_1$，则比例积分调节器的传递函数也可写成

$$W_{pi}(s) = K_{pi} \cdot \frac{\tau_1 s + 1}{\tau_1} \tag{1-26}$$

在零初始状态和阶跃输入下，比例积分调节器的输入和输出特性如图 1 – 12（b）所示。从图中可以看出，突加输入电压 U_i 时，输出电压 U_o 首先突跳到 $K_{pi}U_i$，保证了快速响应的需要。如果只有比例放大部分，稳态精度必然受到影响，但现在还有积分部分。在动态过程中，电容 C_1 不断充电，实现积分作用，使 U_o 线性增长，相当于在动态中把放大系数逐渐提高，最终满足稳态精度的要求。如果输入电压 U_i 一直存在，电容 C_1 就不断充电，进行积分，直到输出电压达到限幅值为止，称为运算放大器饱和。为保证线性放大作用和系统其他环节，要对放大器输出限幅。

任务二　比例积分调节器组成的无静差直流调速系统

由比例积分调节器构成的无静差直流调速系统如图 1 – 13 所示，从图中可以看出，只要

将比例放大器改为比例积分调节器即可实现无静差控制。

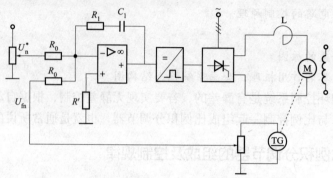

图 1-13　单闭环转速负反馈无静差直流调速系统

将图 1-13 转换成系统稳态结构框图如图 1-14 所示。

由图 1-14 所示的调速系统的稳态结构框图可见，调速系统中的扰动主要是负载扰动，其次是电网电压扰动，当采用 PI 调节器控制时，系统的抗负载扰动过程如下。

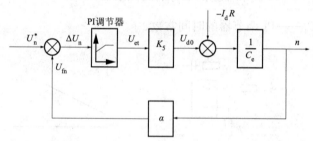

图 1-14　单闭环转速负反馈无静差直流调速系统稳态结构框图

当负载转矩突然增大时，电动机转速下降，使 U_{fn} 减小，PI 调节器的输入偏差电压 $\Delta U_n = U_n^* - U_{fn} > 0$，调节器的比例部分首先起作用，使 U_{et} 增大，触发脉冲的控制角 α 减小，晶闸管整流输出电压 U_{d0} 增加，阻止转速进一步减小，同时随着电动机电枢电流的增加，电磁转矩增大，使电动机转速回升，转速偏差不断减小；同时 ΔU_n 也不断减小，这时调节器的积分部分起作用，而调节器的比例部分起作用减弱，最后保证转速恢复到原来的稳态值，完成无静差调速过程。而整流输出电压 U_{d0} 则增加了 ΔU_{d0}，用以补偿由于负载转矩增加所引起的主电路压降 $\Delta I_d R$。调速系统的抗负载扰动过程曲线如图 1-15 所示。

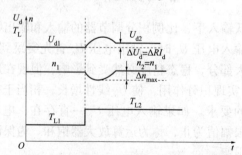

图 1-15　无静差调速系统抗负载扰动过程曲线

准确地说，严格意义上的无静差只是理论上的。实际上，当系统达到稳态时，输入端仍存在很小的 ΔU_n，而不是零。也就是说，仍有很小的静差，只是在一般的精度要求下可以忽略。

任务三　电流截止负反馈

转速负反馈闭环调速系统解决了转速调节的问题，但这样的系统还不能应用于工业现场。这是因为很多生产设备需要直接加阶跃给定信号，以实现快速起动的目的。而直流电动机全压起动时会产生很大的冲击电流，这不仅对电动机换向不利，对于晶闸管而言，由于其过载能力差，也是不允许的。当转速负反馈闭环调速系统突加给定电压时，由于机械惯性，转速不可能立即建立起来，此时反馈电压为零，加在调节器输入端的偏差电压很大。由于调节器和触发装置的惯性很小，整流电压 U_{d0} 立即达到最大值，电枢电流远远超过允许值。此外，有些生产机械的电动机可能会遇到堵转的情况，如遇有故障，机械轴被卡住，或挖土机工作时遇到坚硬的石头等。在这些情况下，由于闭环系统的静特性很硬，若不采取限流措施，电枢电流将远远超过允许值。因此，对于调速系统来说还应具备以下两点。

①起动过程中和堵转状态下能自动保持电流不超过允许值。

②在稳定运行时，还要具备闭环调速系统的优越性。

为了解决上述问题，系统中必须设有自动限制电流的环节。由自动控制原理可知，可以引入电流负反馈来限流，但这种限流作用只能在起动和堵转时存在，电动机正常运行时应自动取消。这种电流达到一定程度时才出现的电流负反馈叫做电流截止负反馈。带电流截止负反馈的调速系统如图 1−16 所示。

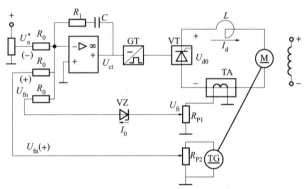

图 1−16　带电流截止负反馈的无静差直流调速系统

在图 1−16 中，通过电流互感器 TA 检测电枢回路的电流，再通过采样电阻 R_{P1} 得到电流反馈电压，电流反馈信号 $U_{fi} = \beta I_d$，β 为检测环节的比例系数；U_Z 为稳压二极管的稳压值，允许电枢电流截止反馈的阀值为 $I_0 = \dfrac{U_Z}{\beta}$。当 $I_d < I_0$（即 $U_{fi} = \beta I_d < U_Z = \beta I_0$）时，电流反馈被截止，不起作用，此时系统只有转速负反馈起作用。当负载电流增大使 $I_d > I_0$（即 $U_{fi} = \beta I_d > U_Z = \beta I_0$）时，稳压管被反向击穿，允许电流反馈信号通过，转速反馈与电流反馈同时起作用，使调节器输出 U_{ct} 下降，迫使整流电压迅速降低，这样就限制了电枢电流随负载增大而增加的速度，有效抑制了电枢电流的增加。

一、系统静特性

系统正常工作时，电流截止负反馈不起作用，即 $I_d \leqslant I_0 = I_{dcr}$（系统允许的最大电流，也称临界电流），此时，系统为转速单闭环系统。稳态时，$\Delta U_n = U_n^* - U_{fn} = 0$，即 $U_n^* = U_{fn} =$

αn。在转速反馈系数 α 一定的情况下，电动机转速只跟随给定电压 U_n^* 的变化而变化，而与负载电流等扰动量无关。系统的静特性方程为

$$n = \frac{U_n^*}{\alpha} \quad (I_d \leqslant I_{dcr}) \tag{1-27}$$

此时，系统的调节过程就是单闭环转速负反馈系统，前面已经分析过了。当负载电流 $I_d > I_{dcr}$ 时，电流截止反馈起作用，通过系统调节器的调节，稳态时调节器的综合输入为零，即

$$\Delta U = U_n^* - U_{fn} - \frac{R_0}{R}\Delta U_i = U_n^* - \alpha n - \frac{R_0}{R_1}(\beta I_d - U_z) = 0$$

可得系统的静特性方程为

$$U_n^* + \frac{R_0}{R_1}U_z = \alpha n + \frac{R_0}{R_1}\beta I_d \quad (I_d > I_{dcr}) \tag{1-28}$$

式中 　U_z——稳压二极管的稳压值，V；

　　　　$\beta = \dfrac{U_{fi}}{I_d}$——电流反馈系数。

由式（1-28）可见，当负载电流增大到临界电流时，由于 U_n^* 和 U_z 为常数，随着电流 I_d 的增大，必使电动机转速下降。系统的调节过程为：当负载增加，I_d（$I_d > I_{dcr}$）增加，电流反馈电压 U_{fi} 增大，PI 调节器反向积分，使调节器输出 U_{ct} 减小，整流器输出电压 U_{do} 减小，转速 n 下降，转速反馈 U_{fn} 下降，当 U_{fn} 下降至满足关系式（1-27）时，调节器停止积分，系统进入新的稳态。直到电流等于堵转电流 I_{bl} 时，电动机停转。

二、动态性能

1. 稳定性分析

当 $I_d \leqslant I_{dcr}$ 时，电流反馈不起作用，系统只为转速负反馈系统。PI 调节器的传递函数为

$$W_{pi} = \frac{U_o(s)}{U_i(s)} = K_p\frac{\tau s + 1}{\tau s}$$

式中 　$K_p = \dfrac{R_1}{R_0}$——比例放大系数；

　　　　$\tau = R_1 C_1$——PI 调节器的超前时间常数，s。

PI 调节器的动态结构框图如图 1-17 所示。

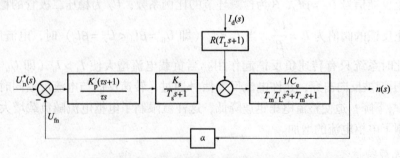

图 1-17　PI 调节器控制的单闭环调速系统动态结构框图

系统的开环传递函数为

$$W_{op}(s) = \frac{\dfrac{(\tau s + 1) K_p K_s \alpha}{\tau C_e}}{s (T_m T_L s^2 + T_m s + 1)(T_s s + 1)}$$

若取 $\tau = T_s$，则

$$W_{op}(s) = \frac{\dfrac{K_p K_s \alpha}{\tau C_e}}{s (T_m T_L s^2 + T_m s + 1)} = \frac{K}{T_m T_L s^3 + T_m s^2 + s} \qquad (1-29)$$

式中：$K = K_p K_s \alpha / \tau C_e$。

由式（1-29）可知，闭环系统的特征方程式为 $T_m T_L s^3 + T_m s^2 + s + K = 0$。根据劳斯稳定判据，系统稳定的充分必要条件为

$$T_m T_L > 0, \quad T_L > 0, \quad K > 0, \quad \text{且} \; T_m > K T_m T_L$$

即

$$K < \frac{1}{T_L} \qquad (1-30)$$

可得 $K < \dfrac{1}{T_L}$ 为系统稳定的充分必要条件。

2. 动态响应

在这里只讨论额定负载下的情况，也就是说，电流截止负反馈不起作用的情况。稳态时，PI 调节器的输入偏差电压 $\Delta U_n = 0$。当负载由 T_{L1} 增至 T_{L2} 时，转速 n 也下降，使偏差电压 $\Delta U_n = U_n^* - U_{fn} = U_n^* - \alpha n$ 不为零，PI 调节器进入调节过程。此时，控制电压为

$$U_{ct} = K_p \Delta U_n + \frac{K_p}{\tau} \int \Delta U_n dt \qquad (1-31)$$

由式（1-31）可以看出，控制电压由两部分叠加而成，分别为比例部分和积分部分。

由图 1-18 可知，PI 调节器的输出电压的增量 ΔU_{ct} 分为两部分。在调节过程的初始阶段，比例部分立即输出：$\Delta U_{ct1} = K_p \Delta U_n$ 波形与 ΔU_n 相似，见虚线 1；积分部分，$U_{ct2} = \dfrac{K_p}{\tau} \int \Delta U_n dt$ 为 ΔU_n 对时间的积分，见虚线 2。曲线 1 和曲线 2 叠加，如虚线 3。

在初始阶段，由于 Δn（ΔU_n）较小，积分曲线上升较慢。比例部分正比于 ΔU_n，曲线 1 上升较快。当 Δn（ΔU_n）达到最大时，比例部分输出 ΔU_{ct1} 达到最大值，积分部分的输出电压 U_{ct} 增长速度最大。此后，转速开始回升，ΔU_n 开始减小，比例部分 ΔU_{ct1} 曲线转为下降，积分部分 ΔU_{ct2} 继续上升，直至 ΔU_n 为零。此时，积分部分起主要作用。可以看出，在调节过程的初、中期，比例部分起主要作用，保证了系统的快速响应；在调节过程的后期，积分部分起主要作用，最后消除偏差。

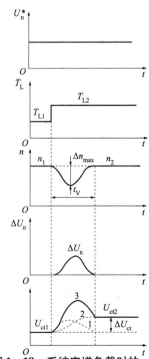

图 1-18 系统突增负载时的动态响应曲线

思考与练习

1-1 直流电动机有哪几种调速方法？各有什么特点？

1-2 什么是调速范围？什么是静差率？调速范围、静态转速降和最小差率有什么关系？

1-3 某调速系统，测得其最高空载转速为1500r/min，最低空载转速为150r/min，电动机带额定负载时转速降是15r/min，且在不同转速下额定转速降不变。问系统的调速范围是多大？系统允许的静差率为多少？

1-4 某闭环直流调速系统的开环放大倍数为15时，电动机带额定负载时的转速降是8r/min，如果将系统的开环放大倍数提高到30时，它的额定转速降为多大？在同样的静差率要求下，转速范围可以扩大多少倍？

1-5 当改变其给定电压时，直流调速系统能否改变电动机的转速？为什么？若给定电压不变，改变反馈系数的大小，能否改变转速？为什么？

1-6 在转速负反馈调速系统中，当电网电压、负载转矩、直流电动机的励磁电流、电枢电阻、直流测速发电机的励磁电流各量发生变化时，都会引起转速的变化，问调速系统对上述各量有无调节能力？为什么？

1-7 如果转速负反馈系统的反馈信号线断线（或者反馈信号的极性接反），在系统运行中上述各量有无调节能力？为什么？

1-8 给定电源和反馈检测元件的精度是否对闭环系统的稳态精度有影响？为什么？

1-9 有一晶闸管直流电动机调速系统，已知直流电动机的参数为额定功率为2.8kW，额定电压为220V，额定电流为15.6A，转速为1500r/min，电枢电阻为1.5Ω，整流器内阻和平波电抗器内阻为1Ω，触发器和整流器的电压放大系数为37。求：

（1）系统在开环工作时，试计算调速范围为30时的静差率。

（2）当调速范围为30、静差率为0.1时，计算系统允许的静态速降。

（3）取转速负反馈有静态系统，仍要在转速设定值为10V时使电动机在额定点工作，并保持系统的开环放大系数不变，求调速范围为30时系统的静差率。

1-10 为什么用积分控制的调速系统是无静差的？积分调节器输入偏差电压为0时输出电压是多少？

1-11 在单闭环转速负反馈调速系数中，若引入电流负反馈环节，对系统的静特性有何影响？

1-12 PI调节器与I调节器在电路中有何差异？它们的输出特性有何不同？为什么用PI调节器或I调节器构成的系统是无静差系统。

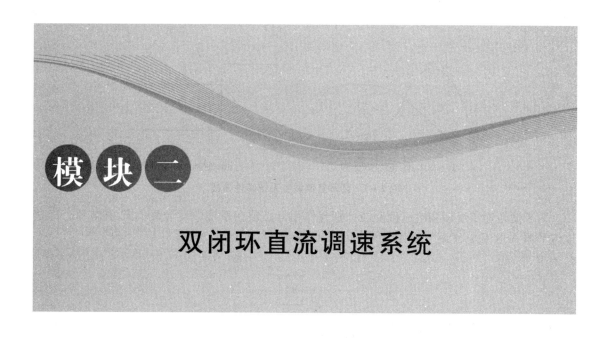

模块二

双闭环直流调速系统

项目一　双闭环直流调速系统的组成

知识目标

了解直流电动机起动过程中电枢电流的变化过程。

熟悉双闭环系统的基本组成原理。

理解双闭环系统起动中电枢电流和转速的变化过程。

掌握双闭环控制系统反馈控制规律。

能力目标

能够根据系统框图绘制系统稳态结构框图。

能够识别并标注各个环节的极性。

任务一　双闭环直流调速系统的原理

采用 PI 调节器组成的单闭环转速负反馈调速系统能够实现系统的稳定运行和无静差调速，但不能限制起动电流。当系统在阶跃信号给定作用下起动时，由于机械惯性的作用，转速不能立即建立起来，会造成起动电流过大；并且某些生产机械经常处于正/反转运行的调速阶段，要尽可能缩短起动、制动过程的时间以提高生产效率。为达到这一目的，工程上常采用双闭环控制。

图 2-1（a）所示，单闭环调速系统的起动过程并不理想，为了达到图 2-1（b）所示的理想起动过程，依据自动控制原理，在单闭环转速负反馈调速系统的基础上，再引入一个电流负反馈，构成转速、电流双闭环调速系统。

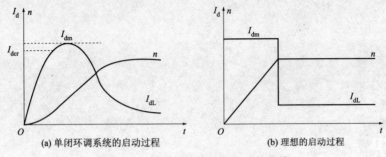

(a) 单闭环调系统的启动过程　　　　(b) 理想的启动过程

图 2 - 1　闭环直流调整系统特性曲线

为了使转速负反馈和电流负反馈分别起作用，必须在系统中设计两个 PI 调节器，即速度调节器 ASR 和电流调节器 ACR，如图 2 - 2 所示。

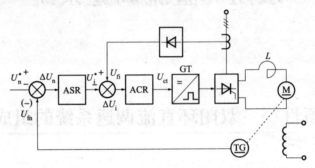

图 2 - 2　转速、电流双闭环直流调速系统原理框图

由图 2 - 2 可见，电流调节器 ACR 和电流检测反馈回路构成电流；速度调节器 ASR 和速度检测反馈环节构成速度环，因速度环包围电流环，故电流环也称为内环，速度环也称为外环。

这样保证电动机在起动时保持电流允许的最大值，让电动机以最大转矩起动，转速迅速以直线上升；起动结束后，电流从最大值迅速下降为负载电流值且保持不变，转速维持给定转速不变。

在电路中，将速度调节器 ASR 和电流调节器 ACR 串联起来，即把速度调节器 ASR 输出作为电流调节器 ACR 的输入，由电流调节器 ACR 去控制触发装置。那么 ACR 的输出限幅值就限制了晶闸管整流器的最大输出电压，而 ASR 的输出限幅值则决定了主电路的最大允许电流。

任务二　双闭环直流调速系统的自动调节过程

为了更好地诠释双闭环调速系统工作过程，将图 2 - 2 所示的双闭环直流调速的原理图转换成系统的稳态结构框图，如图 2 - 3 所示。

在图 2 - 3 中，ACR 和 ASR 的输入与输出信号的极性要视触发电路对控制电压的要求而定。若触发电路要求 ACR 的输出 U_{ct} 为正极性，由于 PI 调节器为反相输入，则要求 ACR 的输入 U_i^* 为负极性；所以要求 ASR 的输入（给定电压 U_n^*）为正极性。

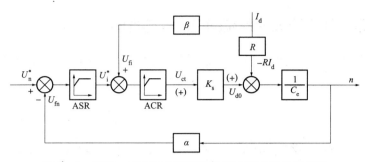

图 2 – 3 转速、电流双闭环直流调速系统稳态结构框图

以电流调节器 ACR 为核心的电流环自动调节过程如下。

电流环电流调节器 ACR 和电流负反馈环节组成闭合回路，通过电流负反馈的作用去稳定电流。由于 ACR 为 PI 调节器，稳态时，输入偏差电压 $\Delta U_i = U_i^* + U_i = -U_i^* + \beta I_d = 0$，即 $\beta = U_i^* / I_d$（其中 β 为电流反馈系数）。

当 U_i^* 为一定值时，由于电流负反馈的调节作用，使整流器的输出电流保持在 U_i^* / β 数值上。当 $I_d > U_I^* / \beta$ 时，自动调节过程为

$$I_d \uparrow \xrightarrow{I_d > U_i^* / \beta} \Delta U_i = -U_i^* + \beta I_d > 0 \rightarrow U_{ct} \downarrow \rightarrow U_d \downarrow \rightarrow I_d \downarrow$$

调节过程直至 $I_d = U_i^* / \beta$，$\Delta U_i = 0$。

同理，ASR 也为 PI 调节器，稳态时输入偏差电压 $\Delta U_n = U_n^* - U_{fn} = U_n^* - \alpha n = 0$，即 $n = U_n^* / \alpha$，当 U_n^* 为一定时，转速 n 将稳定在 U_n^* / α 的数值上。当 $n < U_n^* / \alpha$ 时，其自动调节过程为

$$n \downarrow \xrightarrow{n < U_n^* / \alpha} \Delta U_n = U_n^* - \alpha n > 0 \rightarrow |-U_i^*| \uparrow \rightarrow \Delta U_i^* = -U_i^* + \beta I_d < 0 \rightarrow U_d \uparrow \rightarrow n \uparrow$$

调节过程直至

$$n = U_n^* / \alpha, \quad \Delta U_n = 0$$

项目二 双闭环直流调速系统的静特性

知识目标

了解 PI 调节器饱和与不饱和两种工作状态。

熟悉双闭环调速的稳态结构图。

理解转速和电流反馈系数的由来。

掌握各个变量稳态工作点的参数计算。

掌握双闭环直流调速系统的静特性。

能力目标

能够计算转速和电流反馈系数。

能够绘制双闭环直流调速系统的稳态结构框图。

任务一　双闭环直流调速系统的稳态结构框图

为了分析双闭环调速系统的静特性，必须先绘出它的稳态结构框图，如图 2-4 所示。

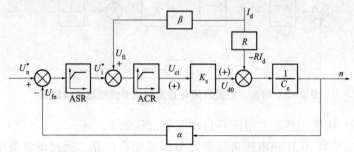

图 2-4　双闭环直流调速系统的稳态结构框图

1. 双闭环调速系统各变量的稳态工作点和稳态参数计算

由图 2-4 可知，当系统的 ASR 和 ACR 两个调节器都不饱和且系统处于稳态时，各变量之间的关系为

$$U_n^* - U_n = U_n^* - \alpha n = 0 \tag{2-1}$$

$$U_i^* - U_i = U_i^* - \beta I_{dL} = 0 \tag{2-2}$$

$$U_{ct} = \frac{U_{d0}}{K_s} = \frac{C_e n + RI_d}{K_s} = \frac{C_e \dfrac{U_n^*}{\alpha} + RI_{dL}}{K_s} \tag{2-3}$$

上述关系式表明，在稳态工作点上，转速 n 由给定电压 U_n^* 决定，而转速调节器的输出量 U_i^* 由负载电流 I_{dL} 决定，控制电压 U_{ct} 同时取决于转速 n 和 I_d。这些关系表明，比例积分调节器不同于比例调节器的特点。比例调节器的输出量总是正比于输入量；而比例积分调节器则不同，它的输出与输入无关，是由它后面所接的环节决定的。

转速反馈系数和电流反馈系数可通过下面两式计算。

转速反馈系数，即

$$\alpha = \frac{U_{nm}^*}{n_{max}} \tag{2-4}$$

电流反馈系数，即

$$\beta = \frac{U_{im}^*}{I_{dm}} \tag{2-5}$$

2. 双闭环调速系统的静特性

起动时，突加给定信号 U_m^*，由于机械惯性，转速不能立即跟随上给定信号，转速很小，转速偏差电压 ΔU_n 很大，转速调节器 ASR 饱和，输出为限幅值 U_{im}^* 且不变，转速环相当于开环。此种情况下，电流负反馈环节起恒流调节作用，转速线性上升，从而获得极好的下垂特性曲线，如图 2-5 中的 AB 段所示。当转速达到给定值且略有超调时，转速环的输入信号变极性，转速调节器退饱和，转速负反馈环节起调节作用，使转速保持恒定，即 $n = U_n^*/\alpha$ 保持不变，如图 2-5 中 $n_0 A$ 段所示。

此时，转速环要求电流迅速响应转速 n 常值的变化，而电流环则要求维持电流不变。这不利于电流对转速变化的响应，有使静特性变软的趋势。但由于转速环处于外环，对转速的调节起主要作用，只要转速环的开环放大倍数足够大，最终靠 ASR 的积分作用，仍可消除转速偏差。把这一特性也称为双闭环直流调速系统的"挖土机"特性。

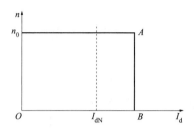

图 2 – 5　双闭环直流调速系统的静特性曲线

任务二　双闭环直流调速系统的起动过程

双闭环直流调速系统的起动特性如图 2 – 6 所示。在突加阶跃给定信号 U_n^* 的情况下，由于起动瞬间电动机的转速为零，速度调节器 ASR 的输入偏差电压 $\Delta U_n = U_n^*$，速度调节器 ASR 饱和，输出为限幅值 U_{im}^*，电流调节器 ACR 的输出 U_{ct} 及电动机的电枢电流和转速的动态响应过程分为 3 个阶段：

1. 第一阶段（电流上升阶段）

刚起动时，转速 n 为零，$\Delta U_n = U_n^* - \alpha n$ 为最大，它使速度调节器 ASR 的输出电压 $|U_i^*|$ 迅速增大，很快达到限幅值 U_{im}^*。此时 U_{im}^* 作为电流环的给定电压，其输出电流迅速上升，当 $I_d = I_{dL}$ 时，转速 n 开始上升，由于电流调节器的调节作用，很快使 $I_d = I_{dm}$，标志着电流上升过程结束，见图 2 – 6 的 $0 \sim t_1$ 阶段。

状态：速度 ASR 调节器迅速达到饱和状态，不再起调节作用。因电磁时间常数 T_L 小于机电时间常数 T_m，U_i 比 U_n 增长得快，使得电流调节器 ACR 不饱和，ACR 起主要调节作用。

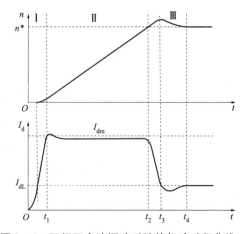

图 2 – 6　双闭环直流调速系统的起动过程曲线

2. 第二阶段（恒流升速阶段）

随着转速上升，电动机的反电动势 E 也上升（$E = C_e n$），电流将从 I_{dm} 有所回落。但由于电流调节器 ACR 的无静差调节作用，使 $I_d \approx I_{dm}$，电流保持最大值 I_{dm}，转速直线上升，接近理想的起动过程，见图 2-6 的 $t_1 \sim t_2$ 阶段。

状态：速度调节器 ASR 饱和，电流调节器 ACR 保持线性调节状态。为了保证 ACR 的线性调节作用，控制电压 U_{ct} 要有调整裕量。

3. 第三阶段（转速调节阶段）

随着转速 n 不断上升，当转速 n 达到转速给定值时，$\Delta U_n = U_n^* - \alpha n = 0$。但此时电枢电流仍保持最大值，电动机转速继续上升，从而出现转速超调。当转速 n 大于给定转速时，速度调节器 ASR 的输入信号反向（$\Delta U_n = U_n^* - \alpha n < 0$），速度调节器 ASR 退出饱和。经 ASR 的调节作用，使转速 n 最终保持在给定的数值上。而电流调节器 ACR 使 $I_d = I_{dL}$，见图 2-6 的 $t_2 \sim t_3 \sim t_4$ 阶段。

状态：ASR 退饱和，速度环起主要调节作用，转速 n 随 U_n^* 变化；ACR 处于不饱和状态，电枢电流 I_d 紧紧跟随 U_i^* 变化。

综上可以看出，转速调节器在电动机起动过程的第一阶段由不饱和到饱和，第二阶段处于饱和状态，第三阶段从退饱和到线性调节状态；而电流调节器始终处于线性调节状态。

项目三　双闭环直流调速系统的动态特性

知识目标

了解双闭环动态系统的组成。

熟悉系统各个环节的传递函数。

理解电流内环的响应过程。

掌握转速和电流调节器的调节作用。

能力目标

能够根据动态结构框图分析动态响应过程。

任务一　抗负载扰动

一般情况下，双闭环直流调速系统会获得比较满意的动态性能，对于调速系统而言，主要是抗负载扰动和抗电网电压扰动。由图 2-7 可以看出，负载扰动作用在电流环 ACR 之后，所以只能靠速度调节器 ASR 起到抗负载扰动的作用。在设计速度调节器 ASR 时要求有较好的抗扰性能指标。

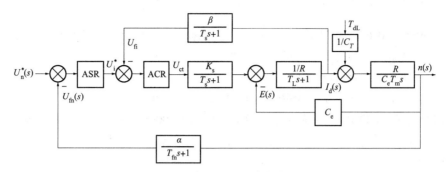

图 2 - 7　双闭环直流调速系统的动态结构框图

任务二　抗电网电压扰动

电网电压的变化对调速系统也会产生很大的影响。在单闭环转速负反馈系统中，电网电压的变化只能等到它影响电动机转速变化时，才能由速度调节器自动调节回来。很显然，这一调节过程明显滞后。而在双闭环直流调速系统中，由于增加了电流内环 ACR，电网电压的波动可以通过电流负反馈得到及时的调节，不必等到它影响到转速以后才反应过来。因此，双闭环调速系统的抗电网电压扰动性能相对于单闭环调速系统得到大大提高。

综上所述，双闭环直流调速系统中，速度调节器 ASR 和电流调节器 ACR 的作用归纳如下。

1. 速度调节器 ASR 的作用

（1）使转速 n 紧随 U_n^* 变化。

（2）稳态运行时，使转速保持在 $n = U_n^* / \alpha$ 的数值上，实现稳态无静差。

（3）当负载变化而使转速出现偏差时，依靠速度调节器 ASR 的调节作用，最终消除转速偏差，保持转速恒定。

（4）速度调节器 ASR 的输出限幅值决定了系统允许的最大输出电流。

2. 电流调节器的作用

（1）起动时，通过电流调节器 ACR 的调节，使电枢电流保持允许的最大值，实现快速起动。

（2）通过设置 ASR 的限幅值，依靠 ACR 的调节作用，还可限制电枢最大电流。

（3）但电网电压波动时，依靠 ACR 的快速反应，使电网电压的波动几乎不对转速产生影响。

（4）在电动机过载甚至堵转时，一方面限制过大的电流，起快速保护作用；另一方面，使转速迅速下降，体现了"挖土机"特性。

思考与练习

2 - 1　采用理想起动的目的是什么？

2 - 2　转速负反馈调速系统中，为了解决动静态间的矛盾，可以采用 PI 调节器，为什么？

　　2-3　ASR、ACR均为PI调节器的双闭环调速系统，在带额定负载运行时，转速反馈线突然断线，当系统重新进入稳定运行时，电流调节器的输入偏差信号 ΔU_i 是否为零？

　　2-4　如果反馈信号的极性接反了会产生怎样的后果？

　　2-5　某双闭环调速系统，ASR、ACR均采用近似PI调节器，试问调试中怎样才能做到 $U_{im}^*=6V$ 时 $I_{dm}=20A$？如欲使 $U_{im}^*=10V$ 时，$n=1000r/min$，应调节什么参数？如发现下垂段特性曲线不够陡或工作段特性曲线不够硬，应调节什么参数？

　　2-6　在转速、电流双闭环调节系统中，出现电网电压波动与负载扰动时，哪个调节器起主要作用？

　　2-7　积分调节器既然可实现无差调节，为什么还要用比例积分调节器？

　　2-8　在转速、电流双闭环系统中，当电网电压、负载扰动时，哪个调节器起作用？

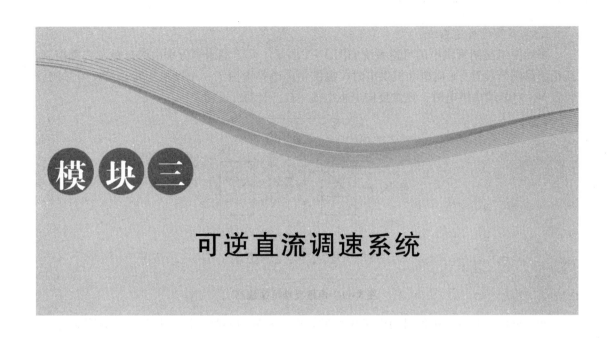

模块三

可逆直流调速系统

项目一　可逆直流调速系统的组成

知识目标

了解双闭环系统电枢主电路的两种供电方式。

熟悉 V – M 系统可逆电路的工作状态。

理解晶闸管逆变状态的工作过程。

掌握可逆系统的反并联连接电路。

能力目标

能绘制反并联电路图。

能够分析可逆系统可能存在的问题。

任务一　可逆电路的连接形式

前面讨论的晶闸管直流电动机调速系统（简称 V – M 系统），由于受晶闸管单向导电性的影响，不能产生反向电流，因此不能使电动机反转。这对于某些工业现场需要电动机正/反转运行的系统来说，显然满足不了要求。所以，必须在晶闸管整流器的结构形式上采取适当措施，才能实现 V – M 系统的可逆运行。

要实现电动机可逆运行，关键是要使电动机的电磁转矩改变方向。由电动机的工作原理可知，直流电动机的电磁转矩 $T_e = K_m \Phi I_d$，转矩方向由磁场方向和电枢电压的极性共同决定。当磁场方向不变，通过改变电枢电压的极性实现可逆运行的系统，称为电枢可逆调速系统；当电枢电压极性不变，通过改变励磁磁场方向实现可逆运行的系统，称为磁场可逆调速系统。

1. 电枢反接可逆系统

采用两组晶闸管供电的可逆系统如图 3-1 所示。两组晶闸管分别由两套触发装置控制，当正组晶闸管装置 VF 向电动机供电时，提供正向电枢电流 I_d，电动机正转。当反组晶闸管装置 VR 向电动机供电时，提供反向电枢电流 $-I_d$，电动机反转。

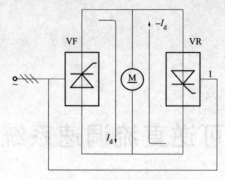

图 3-1　电枢反接可逆线路

两组晶闸管装置供电的可逆电路在连接形式上又分为两种：即反并联连接和交叉连接，如图 3-2 所示。

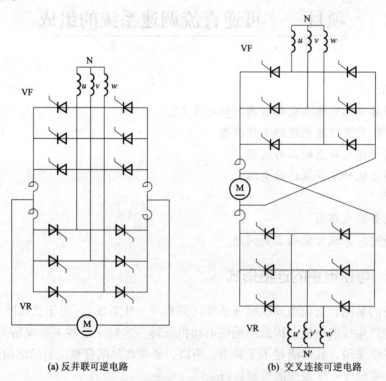

(a) 反并联可逆电路　　　　　(b) 交叉连接可逆电路

图 3-2　两组三相桥式变流器可逆线路

由图 3-2 可见，两者的差别在于反并联电路中的两组晶闸管出同一个交流电源供电，且有 4 个限制环流的电抗器，而交叉连接电路由两个独立的交流电源供电，只有两个限制环流的电抗器。这里所说的两个独立的电源可以是两台整流变压器，也可以是一台整流变压器的两个二次绕组。

由两组晶闸管组成的电枢可逆线路，具有切换速度快、控制灵活等优点，在要求频繁、快速正反转的可逆系统中得到广泛应用，是可逆系统的主要形式。

2. 励磁反接可逆电路

要使直流电动机反转，除了改变电枢电压极性外，改变励磁电流的方向也能使直流电动机反转。一次就有了励磁反接可逆电路，如图 3-3 所示。这时，电动机只要一组晶闸管装置供电即可，而励磁绕组则分别由两组晶闸管装置反并联供电，像电枢反接可逆电路一样，可以采用反并联和交叉连接中的任意一种方案来改变励磁电流的方向。

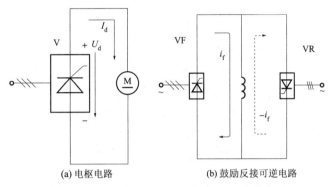

(a) 电枢电路　　　　　　　(b) 鼓励反接可逆电路

图 3-3　两组晶闸管供电的励磁反接可逆电路

由于励磁功率只占电动机额定功率的 1% ~ 5%，显然励磁反接所需的晶闸管装置容量要比电枢反接可逆装置要小得多，只要电枢回路中用一组大容量的装置就够了，这对于大容量的调速系统而言，励磁反接的方案投资较少。但由于励磁绕组的电感较大，励磁电流的反向过程要比电枢电流的反向过程慢得多。在反向过程中，当励磁电流由额定值下降到零这段时间里，如果电枢电流依然存在，电动机将会出现弱磁升速现象，这在生产工艺上是不允许的。因此，励磁反接的方案只适用于对快速性要求不高，正、反转不太频繁的大容量可逆系统，如卷扬机、电力机车等。

任务二　电动机的工作状态

他励直流电动机无论正转还是反转，都可以有两种工作状态，一种是电动状态，另一种是制动状态（或称发电状态）。

电动运行状态指的是电动机电磁转矩方向与电动机转速方向相同，此时，电网给电动机输入电能，电动机将电能转换为负载的动能。

制动运行状态指的是电动机电磁转矩方向与电动机转速方向相反，此时，电动机将动能转换为电能，如果将此电能回送给电网，则这种制动就叫做回馈制动。

在励磁磁通方向不变时，电动机电磁转矩的方向就是电枢电流的方向，转速的方向也就是反电动势的方向。所以，常用电枢电流 I_d 和反电动势 E 的相对方向来表示电动机的电动运行状态和制动运行状态。

任务三　晶闸管的工作状态

由电力电子技术可知，晶闸管装置也有两种工作状态，一种是整流状态，另一种是逆变状态。

　　需要说明的是，晶闸管工作在整流状态时，只需让控制角 $\alpha < 90°$ 即可。而工作在逆变状态时则不同，必须同时满足两个条件：其一，控制角 $\alpha > 90°$（内部条件），这样晶闸管装置的输出电压才能改变极性；其二，晶闸管装置必须有外接的直流电源（外部条件）。

　　要使电动机快速减速或停车，最经济、有效的方法就是采用回馈制动，将制动期间释放的能量通过晶闸管装置回送给电网，实现有源逆变。要实现回馈制动，从电动机方面看，要么改变转速的方向，要么改变电磁转矩的方向（即电枢电流）。然而，任何负载在减速制动的时候，其转速方向均是不变的，因此此时想要实现回馈制动，必须设法改变电动机电磁转矩的方向，也就是电枢电流的方向。

　　对于单组 V-M 系统，要想改变电枢电流的方向是不可能的，也就是说，利用一组晶闸管装置不能实现回馈制动。但是，可以利用两组晶闸管装置组成的可逆电路实现直流电动机的快速回馈制动，即电动机制动时，原工作于整流状态的一组晶闸管装置整流，利用另外一组反并联的晶闸管装置逆变，实现电动机的回馈制动，如图 3-4 所示。

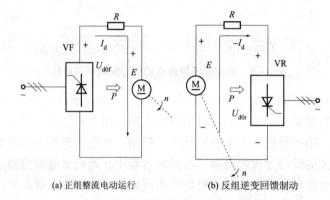

(a) 正组整流电动运行　　　　　　(b) 反组逆变回馈制动

图 3-4　V-M 系统正组整流电动运行反组逆变回馈制动

　　图 3-4（a）表示正组 VF 给电动机供电，晶闸管装置处于整流状态，输出整流电压 U_{d0f}（极性如图），电动机吸收能量做电动运行。当需要回馈制动时，通过控制电路切换到反组晶闸管装置 VR（图 3-4（b）），并使其工作于逆变状态，输出逆变电压 U_{d0r}（极性如图），由于这时电动机的反电动势极性未改变，当 E 略大于 $|U_{d0r}|$ 时，产生反向电流 $-I_d$ 而实现回馈制动，这时电动机释放能量经晶闸管装置 VR 回馈到电网。

　　由此可见，即使是不可逆系统，只要是要求快速回馈制动，也应有两组反并联（或交叉连接）的晶闸管装置，正组作为整流供电，反组作为逆变制动。这时反组晶闸管只在短时间内给电动机提供反向制动电流，并不提供稳态运行电流，其容量可以小一些。不过，对于两组晶闸管供电的可逆系统，在正转时可以利用反组晶闸管实现回馈制动，反转时可以利用正组晶闸管实现回馈制动，正/反转和制动的装置合二为一，两组晶闸管的容量也就没什么区别了。把可逆电路正/反转及回馈制动时的电动机和晶闸管的工作状态归纳起来，可列成表 3-1。

表3-1　V-M系统可逆电路的工作状态

V-M系统的工作状态	正向运行	正向制动	反向运行	反向制动
电枢端电压极性	+	+	-	-
电枢电流极性	+	-	-	+
电动机旋转方向	+	+	-	-
电动机运行状态	电动	回馈制动	电动	回馈制动
晶闸管工作组别和状态	正组整流	反组逆变	反组整流	正组逆变
机械特性所在象限	I	II	III	IV

注：表中各量的极性均以正向运行时为"+"。

项目二　有环流可逆直流调速系统

知识目标

了解可逆系统中环流的产生原因。

熟悉脉动环流的产生过程。

理解触发装置的移相控制特性。

掌握 α、β 控制规律。

能力目标

能够区别有环流和无环流控制系统。

能绘制移相控制特性曲线。

任务一　可逆系统的环流分析

一、环流的定义

环流是指不流过电动机或负载，而直接在两组晶闸管之间流通的短路电流，图3-5所示为反并联线路中的环流电流 I_c。

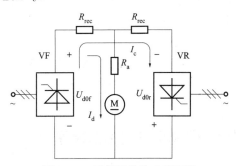

图3-5　反并联线路中的环流

二、环流的优、缺点及种类

1. 环流的优、缺点

（1）优点。在保证晶闸管安全工作的前提下，适度的环流能使晶闸管直流电动机系统在空载或轻载时保持电流连续，避免电流断续对系统静、动态性能的影响；可逆系统中少量的环流，可以保证电流无换相死区，加快过渡过程。

（2）缺点。环流的存在会显著加重晶闸管和变压器的负担，消耗无功功率，环流太大时甚至会损坏晶闸管，必须加以抑制。

在实际系统中，要充分利用环流的有利一面，避免其不利一面。

2. 环流的分类

（1）静态环流。当晶闸管装置在一定的控制角下稳定运行时，可逆系统中出现的环流称为静态环流。静态环流又分为直流平均环流和瞬时脉动环流。

（2）动态环流。系统稳态运行时并不存在，只在过渡过程中出现的环流，称为动态环流。

这里仅讨论并分析对系统影响较大的静态环流，因其对系统影响较大。

3. 直流平均环流

在如图 3-5 所示的反并联可逆电路中，如果正组晶闸管 VF 和反组晶闸管 VR 都处于整流状态，且正组整流电压 U_{dof} 和反组整流电压 U_{dor} 正负相连，将造成直流电源短路，此短路电流即为直流平均环流。为了防止产生直流平均环流，最好的解决方法是：当正组晶闸管 VF 处于整流状态输出电压 U_{dof} 时，让反组晶闸管 VR 处于逆变状态，输出一个逆变电压 U_{d0r}，把 U_{dof} 顶住。

设正组 VF 处于整流状态，即 $\alpha_f < 90°$，则 $U_{dof} = U_{d0max} \cos\alpha_f$；对应的反组 VR 处于逆变状态，即 $\beta_r < 90°$，则 $U_{d0r} = U_{d0max} \cos\beta_r$。此时，$U_{dof}$ 和 U_{d0r} 极性相反，但其数值又有以下 3 种情况。

第一种情况：若两组触发脉冲相位之间满足 $\alpha_f < \beta_r$，则 $U_{dof} > U_{d0r}$。由于两组晶闸管装置的内阻很小，即使不大的直流电压差也会导致很大的直流环流。

第二种情况：若两组触发脉冲相位之间满足 $\alpha_f = \beta_r$，则 $U_{dof} = U_{d0r}$。由于主电路无直流电压差，所以无直流环流。

第三种情况：若两组触发脉冲相位之间满足 $\alpha_f > \beta_r$，则 $U_{dof} < U_{d0r}$。两组晶闸管之间存在反向直流电压差，不过由于晶闸管的单向导电性，不会产生直流环流。

同理，若 VF 处于逆变状态，VR 处于整流状态。同样可以分析出 $\alpha_f < \beta_r$ 时有直流环流；当 $\alpha_f \geq \beta_r$ 时无直流环流。

综上所述，可以得出，当 $\alpha < \beta$ 时，有直流环流；当 $\alpha_f \geq \beta_r$ 时，无直流环流。所以，在两组晶闸管组成的可逆电路中，消除直流平均环流的方法是使 $\alpha_f \geq \beta_r$，即整流组的触发角不小于逆变组的逆变角。

任务二　$\alpha = \beta$ 配合工作制系统的工作原理

1. 实现方法

实现 $\alpha = \beta$ 工作制的配合控制比较容易，只要将两组触发脉冲的零位都整定在 90°，并使两组触发装置的移相控制电压大小相等、极性相反即可。触发脉冲的零位，就是指控制电

压 $U_{ct}=0$ 时，调节偏置电压使触发脉冲的初始相位确定在 $\alpha_{f0}=\alpha_{r0}=90°$，此时两组晶闸管的整流和逆变电压均为 0。这样的触发控制电路如图 3-6 所示，它用同一个控制电压 U_{ct} 去控制两组触发装置，即正组触发装置 GTF 由 U_{ct} 直接控制，而反组触发装置 GTR 由 $\overline{U}_{ct}$ 控制，$\overline{U}_{ct}=-U_{ct}$，是经过反相器 AR 后得到的。

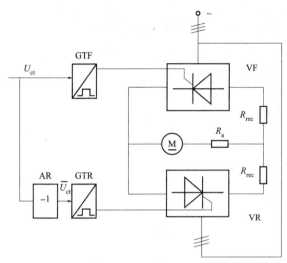

图 3-6 $\alpha_f=\beta_r$ 配合工作制的可逆电路

2. 移相控制特性

当同步信号为锯齿波时的两组触发装置的移相控制特性曲线如图 3-7 所示。当 $U_{ct}=0$ 时，$\alpha_{f0}=\alpha_{r0}=90°$，触发脉冲在 $90°$ 零位；当 $U_{ct}>0$ 时，$\alpha_f<90°$，正组晶闸管处于整流状态，而反组控制角由于 $\overline{U}_{ct}=-U_{ct}$，在移相过程中，始终保持着 $\alpha_f=\beta_r$，即 $U_{d0f}=-U_{d0r}$，且反组控制角 $\alpha_f>90°$ 或 $\beta_r<90°$，反组晶闸管处于逆变状态。为了防止晶闸管在逆变时因逆变角 β 太小而发生逆变颠覆事故，必须在控制电路中设置限制最小逆变角 β_{min} 的保护环节。同时，为了保持 $\alpha=\beta$ 的配合控制，对 α_{min} 也要加以限制，使 $\alpha_{min}=\beta_{min}$。通常使 $\alpha_{min}=\beta_{min}=30°$。

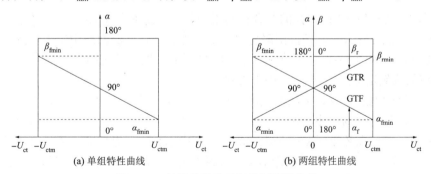

(a) 单组特性曲线   (b) 两组特性曲线

图 3-7 触发装置的移相控制特性曲线

任务三 脉动环流

实现 $\alpha=\beta$ 配合控制时，整流器和逆变器输出的直流平均电压是相等的，因而没有直流平均环流。

然而，此时晶闸管装置输出的瞬时电压是不相等的，当正组整流电压瞬时值 u_{d0f} 大于反

组逆变电压瞬时值 u_{d0r} 时，便产生瞬时电压差 Δu_{d0}，从而产生瞬时环流。控制角不同时，瞬时电压差和瞬时环流也不同。图 3-8 所示列出三相零式反并联可逆电路当 $\alpha_f = \beta_r = 60°$ 时的情况，图 3-8（c）所示是正组瞬时整流电压 U_{d0f} 的波形，图 3-8（d）所示是反组瞬时逆变电压 u_{d0r} 的波形。图中阴影部分是 u 相整流和 v 相逆变时的电压，显然其瞬时值并不相等，而其平均值却相等。瞬时电压差 $\Delta u_{d0} = u_{d0f} - u_{d0r}$，其波形绘于图 3-8（b）中。由于这个瞬时电压差的存在，便在两组晶闸管之间产生了瞬时脉动环流 i_{cp}。图 3-8（a）绘出了 u 相整流和 v 相逆变时的瞬时环流回路，由于晶闸管装置的内阻很小，环流回路的阻抗主要是电感，所以 i_{cp} 不能突变，并且滞后于 Δu_{d0}；又由于晶闸管的单向导电性，i_{cp} 只能在一个方向脉动，所以称为瞬时脉动环流。但这个瞬时脉动环流存在直流分量 I_{cp}，显然 I_{cp} 和平均电压差所产生的直流环流是有根本区别的。

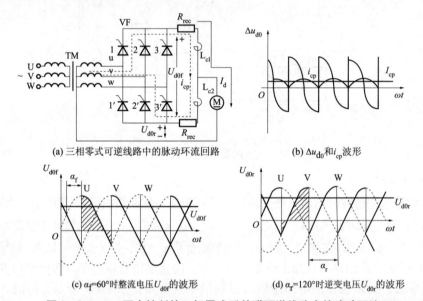

(a) 三相零式可逆线路中的脉动环流回路　　(b) Δu_{d0} 和 i_{cp} 波形

(c) $\alpha_f=60°$ 时整流电压 U_{d0f} 的波形　　(d) $\alpha_r=120°$ 时逆变电压 U_{d0r} 的波形

图 3-8　$\alpha=\beta$ 配合控制的三相零式反并联可逆线路中的脉动环流

直流平均环流可以采用 $\alpha \geq \beta$ 的配合控制来消除，而瞬时脉动环流却始终存在，必须设法加以抑制，不能让它太大。抑制瞬时脉动环流的方法是在环流回路中串入环流电抗器或者叫做均衡电抗器，如图 3-8（a）中的 L_{c1} 和 L_{c2} 所示，一般要求把瞬时脉动环流中的直流分量 I_{cp} 限制在负载额定电流的 5%～10% 之间。

环流电抗器的电感量及其接法因整流电路而异，具体可参看有关晶闸管电路的书籍。环流电抗器并不是任何时刻都能起作用，所以在三相零式可逆电路中，正、反两个回路各设一个环流电抗器，它们在环流回路中是串联的，但其中总有一个电抗器因流过直流负载电流而饱和。在图 3-8（a）中，当正组整流时，L_{c1} 因流过较大的负载电流而饱和，失去了限制环流的作用；而反组逆变回路中电抗器 L_{c2} 由于没有负载电流通过，才真正起限制瞬时脉动环流的作用。而三相桥式反并联可逆电路由于有两条并联的环流同路，应设置 4 个环流电抗器，见图 3-2（a）。在采用交叉连接的可逆电路中，环流电抗器的数量可以减少一半，见图 3-2（b）。

任务四　有环流可逆直流调速系统的组成和工作原理

$\alpha = \beta$ 配合工作制虽然可以消除直流平均环流，但不能消除瞬时脉动环流，这样的系统称为有（脉动）脉动环流可逆调速系统。如果在这种系统中不施加控制，这个脉动环流是自然存在的，因此又称为自然环流系统。

一、系统组成

$\alpha = \beta$ 配合工作制的有环流可逆直流调速系统原理框图如图 3-9 所示。

（1）主电路采用了两组晶闸管反并联的三相桥式电路，设置了 4 个均衡电抗器 L_{c1}、L_{c2}、L_{c3}、L_{c4} 和一个体积较大的平波电抗器 L_d。

（2）控制电路采用转速电流双闭环调速控制，并且两个调节器都设置双向输出限幅，以限制最大动态电流和最小控制角及最小逆变角。

（3）为了始终保持 $\overline{U}_{ct} = -U_{ct}$，在 GTR 之前加放大倍数为 1 的反相器 AR。

（4）为了保证转速和电流的负反馈，必须使反馈信号也能反映出相应的极性。测速发电机产生的反馈电压极性随电动机转向的改变而改变。电流则采用霍尔电流变送器 TAF 来检测。

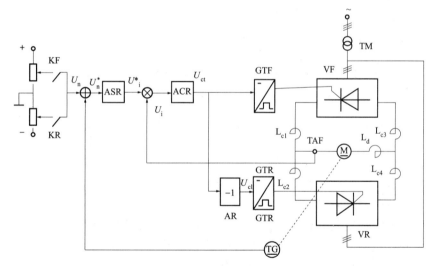

图 3-9　$\alpha = \beta$ 配合工作制的有环流可逆直流调速系统原理框图

二、工作原理

正向运行时，正向继电器 KF 接通，转速给定值 U_n^* 为正值，经转速调节器、电流调节器输出移相控制信号 U_{ct} 为正，正组触发器 GTF 输出的触发脉冲控制角 $\alpha_f < 90°$，正组变流装置 VF 处于整流状态，电动机正向运行。U_{ct} 经反相器 AR 后，使反组触发器 GTR 的移相控制信号 $\overline{U}_{ct}$ 为负，反组触发器输出的脉冲控制角 $\beta_r < 90°$，且 $\alpha_f = \beta_r$，反组变流装置 VR 处于待逆变状态。待逆变就是逆变组除环流外并不流过负载电流，也没有电能回馈电网，这种工作状态称为待逆变状态。

同理，反相继电器 KR 接通，转速给定值 U_n^* 为负值，反组变流装置 VR 处于整流状态，正组变流装置处于待逆变状态，电动机反向运行。

$\alpha = \beta$ 配合工作制控制系统的触发移相特性曲线如图 3-7 所示。在进行触发移相时，当

一组晶闸管装置处于整流状态时，另一组便处于逆变状态，这是对控制角的工作状态而言的。实际上，这时逆变组除环流外并不流过负载电流，没有电能回馈电网，它是处于待逆变状态，是等待工作状态。当需要逆变组工作时，只要改变控制角，降低 U_{dof} 和 U_{d0r}，一旦电动机的反电动势 $E > |U_{dof}| = |U_{d0r}|$ 时，整流组电流将被截止，逆变组就能立即投入真正的逆变状态，电动机便进入回馈制动状态，将能量回馈电网。同样，当逆变组回馈电能时，另一组也是处于待整流状态。所以 $\alpha = \beta$ 配合工作制下，系统的负载电流可以很方便地按正/反两个方向平滑过渡，任何时候，实际上只有一组晶闸管装置在工作，另一组则处于等待工作状态。

尽管 $\alpha = \beta$ 配合控制有很多优点，但在实际系统中，由于参数的变化，元件的老化或其他干扰作用，控制角可能偏离 $\alpha = \beta$ 的关系。一旦变成 $\alpha < \beta$，将会产生较大的直流平均环流，如果没有有效的控制措施将是很危险的。为了避免这种危险，在整定零位时应留出一定的裕量，使 α 略大于 β，如使 $\alpha = \beta + \varphi$，零位应整定为

$$\alpha_{f0} = \alpha_{r0} = 90° + \frac{1}{2}\varphi \quad 则 \beta_{f0} = \beta_{r0} = 90° - \frac{1}{2}\varphi$$

这样，任何时候整流电压均小于逆变电压，可以保证不产生直流平均环流，当然瞬时电压差产生的瞬时脉动环流也降低了。只是 φ 不应过大，否则会产生两个问题。一是显著地缩小了移相范围，因为 β_{min} 是整定好的，而现在 α_{min} 必须大于 β_{min}，所以 α_{min} 比原来更大了，使晶闸管容量得不到充分利用；二是造成明显的换相死区，比如，在起动时，α 从零位 $\alpha_0 = 90° + \frac{1}{2}\varphi$ 移到 $\alpha = 90°$ 这一段时间内，整流电压一直为零。

三、制动过程

可逆调速系统的起动过程与不可逆调速系统相同，制动过程有它的特点，反转过程则是正向制动与反向起动过程的衔接。整个正向制动过程分两个主要阶段。

第一阶段为本组逆变阶段。电流 I_d 由正向负载电流 $+I_{dL}$ 下降到零，其方向未变，仍通过正组晶闸管装置 VF 流通，这时正组 VF 处于逆变阶段。

第二阶段为它组制动阶段。电流 I_d 的方向变负，由零变到负向最大电流 $-I_{dm}$，维持一段时间后再衰减到负向负载电流 $-I_{dL}$，这时电流流过反组晶闸管装置 VR。

电流 I_d 从正向负载电流 $+I_{dL}$ 下降到零再由零变到负向最大电流 $-I_{dm}$ 以及从负向最大电流 $-I_{dL}$ 衰减到负载电流所占的 $-I_{dL}$ 时间比较短，相对而言，维持 $-I_{dm}$ 的时间较长，在这一阶段中主要是转速降落。

有环流可逆系统的制动和起动过程可完全衔接，没有任何间断或死区，适用于快速正/反的系统，这是它的优点；但同时也有其缺点，比如需要添加环流电抗器、晶闸管等器件，负担加重（负载电流加环流），因此只适用中、小容量的系统。

项目三　无环流可逆直流调速系统

知识目标

了解无环流调速系统的控制思想。

熟悉无环流调速系统的控制过程。

理解逻辑控制器对信号的采样依据。

掌握 DLC 逻辑控制器原理。

能力目标

能够计算电平检测器的闭环放大倍数。

能够利用逻辑代数搭建逻辑判断电路。

有环流可逆调速系统虽然具有反向快、过渡平滑等优点，但需要设置几个环流电抗器，增加了系统的体积、成本和损耗。当生产工艺过程对系统过渡特性的平滑性要求不是很高时，特别是对于大容量的系统，常采用既没有直流环流又没有脉动环流的无环流可逆调速系统。按实现无环流的原理不同，可将无环流可逆调速系统分为两类，即逻辑无环流可逆调速系统和错位无环流可逆调速系统。

任务一　逻辑控制的无环流可逆直流调速系统

逻辑无环流可逆调速系统的原理框图如图 3 – 10 所示。当一组晶闸管工作时，用逻辑电路封锁另一组晶闸管的触发脉冲，使其完全处于阻断状态，确保两组晶闸管不同时工作，从根本上切断环流的通路，这就是逻辑控制的无环流可逆调速系统。

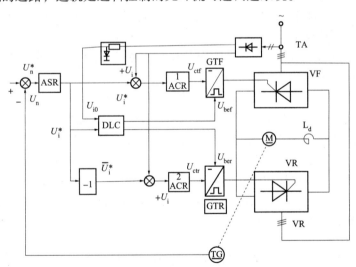

图 3 – 10　逻辑无环流可逆直流调速系统原理框图

一、系统组成和工作原理

（1）主电路采用两组晶闸管反并联电路。

（2）因为没有环流，不设置环流，仍保持平波电抗器，以保证电流连续。

（3）控制电路仍采用转速、电流双闭环控制。

（4）电流环中分设两个电流调节器，1ACR 用来控制正组触发装置 GTF，2ACR 用来控制反组触发装置 GTR。

（5）1ACR 的给定信号 U_i^* 经反相器后作为 2ACR 的给定信号 $\overline{U_i^*}$，这样电流反馈信号 U_i 的极性在正/反转时都不必改变，从而可以采用不反映极性的电流检测器，如图 3 – 10 中的电流互感器 TA。

（6）系统的关键部分是设置了无环流逻辑控制器 DLC，它按照系统的工作状态，指挥系统进行自动切换；或者允许正组发出触发脉冲而封锁反组，或者允许反组发出触发脉冲而封锁正组。确保任何时刻只有一组开放，另一组封锁，以保证系统可靠工作。

正/反组触发脉冲的零位仍整定在 90°，工作时移相方法和自然环流系统一样，只是用 DLC 来控制两组触发脉冲的封锁和开放。此外，系统的其他工作原理和自然环流系统是一样的。

二、可逆系统对无环流逻辑控制器 DLC 的要求

1. DLC 的任务

根据可逆系统的运行状态，正确地控制两组触发脉冲的封锁与开放，使得在正组晶闸管 VF 工作时封锁反组脉冲；在反组晶闸管 VR 工作时封锁正组脉冲。两组晶闸管脉冲绝不允许同时开放。

2. DLC 的输入信号

可逆系统共有 4 种工作状态，即四象限运行。当电动机正转时，系统运行在第 Ⅰ 和第 Ⅳ 象限，它们的共同点是电磁转矩的方向为正；当电动机正向制动或反转时，系统运行在第 Ⅱ 和第 Ⅲ 象限，其共同点是电磁转矩的方向为负。由此可见，根据电磁转矩的方向可决定 DLC 的输入信号。进一步分析发现，转速调节器 ASR 的输出 U_i^*，也就是电流给定信号，它的极性正好反映了电磁转矩的极性。所以，电流给定信号 U_i^* 可以作为逻辑控制器 DLC 的输入信号。DLC 首先鉴别 U_i^* 的极性，当 U_i^* 由正变负时，封锁反组，开放正组；反之当 U_i^* 由负变正时，封锁正组，开放反组。

然而，仅用电流给定信号 U_i^* 去控制 DLC 还是不够的。因为 U_i^* 的极性变化只是逻辑切换的必要条件，而不是充分条件。例如，在自然环流系统的制动过程中，当系统正向制动时，U_i^* 极性已由负变正，标志制动过程的开始，但在电枢电流尚未反向以前，仍要保持正组开放，以实现本组逆变。若本组逆变尚未结束，就根据 U_i^* 极性的改变而去封锁正组触发脉冲，结果将使逆变状态下的晶闸管失去触发脉冲，发生逆变颠覆事故。因此，U_i^* 极性的变化只表明系统有了使电流（或转矩）反向的意图，电流（或转矩）极性的改变要等到电流下降到零之后才进行。这样逻辑控制器还必须要有一个"零电流检测"信号 U_{i0}，作为发出正/反组切换指令的充分条件。逻辑控制器只有在切换的充分和必要条件都满足后，并经过必要的逻辑判断，才能发出切换指令。

3. DLC 的延时

逻辑切换指令发出后，并不能立刻执行，还须经过两段延时，以确保系统的可靠工作，这就是封锁延时 t_{d1} 和开放延时 t_{d2}。

1）封锁延时 t_{d1}

封锁延时 t_{d1} 是指从发出切换指令到真正封锁原来工作组的触发脉冲之前所等待的时间。由于零电流检测器检测到的 I_0 是最小动作电流，而电流未降到零以前，其瞬时值是脉动的。如果脉动的电流瞬时值低于零电流检测器最小动作电流 I_0，而它实际仍在连续变化时，就根据检测到的零电流信号去封锁本组脉冲，势必使正处于逆变状态的本组晶闸管发生逆变颠覆事故。设置封锁延时后，检测到零电流信号并再等待一段时间 t_{d1}，等到电流确实下降为零，才可以发出封锁本组脉冲的信号。

2）开放延时 t_{d2}

开放延时 t_{d2} 是指从封锁原工作组脉冲到开放另一组脉冲之间的等待时间。因为在封锁原工作组脉冲时，原导通的晶闸管要到电流过零时才能真正关断，而且在关断之后还要有一

段恢复阻断的时间，如果在这之前就开放另一组晶闸管，仍可能造成两组晶闸管同时导通，形成环流短路事故。为防止这种事故发生，在发出封锁本组信号之后，必须再等待一段时间 t_{d2}，才允许开放另一组脉冲。

由以上分析可知，过小的 t_{d1} 和 t_{d2} 会因延时不够而造成两组晶闸管环流失败，从而造成事故；而过大的延时将使切换时间拖长，增加切换死区，影响系统过渡过程的快速性。对于三相桥式整流电路，一般取 $t_{d1} = 2 \sim 3\,\mathrm{ms}$，$t_{d2} = 5 \sim 7\,\mathrm{ms}$。

4. DLC 连锁保护

DLC 连锁保护是为了确保两组晶闸管的触发脉冲电路不能同时开放。

综上所述，对无环流逻辑控制器 DLC 的要求归纳如下。

（1）两组晶闸管进行切换的充分必要条件是，电流给定信号 U_i^* 改变极性和零电流检测器发出零电流信号 U_{i0}，这时才能发出逻辑切换指令。

（2）发出切换指令后，必须先经过封锁延时 t_{d1} 才能封锁原导通组脉冲；再经过开放延时 t_{d2} 后，才能开放另一组。

（3）在任何情况下，两组晶闸管的触发脉冲绝不允许同时开放，当一组工作时，另一组的脉冲必须被封死。

三、无环流逻辑控制器 DLC 的组成原理

根据以上要求，逻辑控制器 DLC 由电平检测、逻辑判断、延时电路和连锁保护 4 部分组成。其结构和输入以及输出信号如图 3 – 11 所示。

图 3 – 11　无环流逻辑控制器 DLC 的组成及输入/输出信号

在图 3 – 11 中，输入端为反映转矩极性变化的电流给定信号 U_i^* 和零电流检测信号 U_{i0}，输出是封锁正组和反组脉冲的信号 U_{blf} 和 U_{blr}。这两个输出信号通常以数字信号形式来表示："0"表示封锁，"1"表示开放。

1. 电平检测器

电平检测器的功能是将控制系统中连续变化的模拟量转换成"1"或"0"两种状态的数字量，实际上是一个模/数转换器。一般可由带正反馈的运算放大器组成，具有一定要求的回环继电特性，如图 3 – 12 所示。

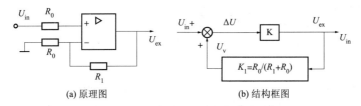

(a) 原理图　　　　　　　　　　(b) 结构框图

图 3 – 12　运算放大器组成电平检测器

从图 3 – 12 （b）所示结构框图可知，电平检测器的闭环放大系数为

$$K_{cl} = \frac{U_{ex}}{U_{in}} = \frac{K}{1 - KK_v} \qquad (3-1)$$

式中 K——运算放大器开环放大系数;

$$K_v = \frac{R_0}{R_0 + R_1}$$——正反馈系数。

当 K 一定时,若 $KK_v > 1$,即 R_1 越小,K_v 越大,正反馈越强,则放大器工作在具有回环特性的继电状态,如图 3-13 所示。例如,设放大器的放大系数 $K = 10^5$,输入电阻 $R_0 = 20\text{k}\Omega$,正反馈电阻 $R_1 = 20\text{M}\Omega$,则正反馈系数为

$$K_v = \frac{R_0}{R_0 + R_1} = \frac{20 \times 10^3}{20 \times 10^3 + 20 \times 10^6} \approx \frac{1}{100}$$

图 3-13   继电回环特性曲线

这时 $KK_v = 10^5 \times 1/100 = 10^3 \gg 1$。如设放大器的限幅值为 $\pm 10\text{V}$,放大器原来处于负向深度饱和状态,则反馈到同相输入端的电压 $U_u = K_v U_{ex} = 1/100 \times (-10)\text{V} = -0.1\text{V}$,折算到反相输入端的电压应为 $+0.1\text{V}$,使得 $\Delta U = 0$,输出才能翻转。同理,U_{in} 至少为 $+0.1\text{V}$ 才能使输出由 $+10\text{V}$ 翻转到 -10V。

由此得到回环宽度的计算公式为

$$U = U_{in1} - U_{in2} = K_v U_{exm1} - K_v U_{exm2} = K_v (U_{exm1} - U_{exm2}) \qquad (3-2)$$

式中 U_{exm1},U_{exm2}——正向和负向饱和输出电压,V;

U_{in1},U_{in2}——输出由正翻转到负和由负翻转到正所需的最小输入电压,V。

显然,R_1 越小,K_v 越大,回环宽度越大。但回环太宽,切换动作迟钝,容易产生振荡和超调;回环太小,抗干扰能力低,容易发生误动作。所以一般回环宽度取 0.25V 左右。

电平转换器根据转换对象的不同,又分为转矩极性鉴别器 DPT 和零电流检测器 DPZ。

图 3-14 所示为转矩极性鉴别器 DPT 的原理图和输入/输出特性曲线。DPT 的输入信号为电流给定 U_i^*,它是左右对称的。其输出端是转矩极性信号 U_T,为数字量 "1" 和 "0",输出应是上下对称的,即将运算放大器的正向饱和值 $+10\text{V}$ 定义为 "1",表示正向转矩;由于输出端加了二极管钳位负限幅电路,因此负向输出为 -0.6V,定义为 "0",表示负向转矩。

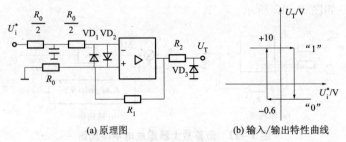

(a) 原理图   (b) 输入/输出特性曲线

图 3-14   转矩极性鉴别器 DPT

图 3-15 所示为零电流检测器 DPZ 的原理图和输入/输出特性。其输入是电流互感器及

整流器输出的零电流信号 U_{i0}，主电路有电流时 $U_{i0} \approx +0.6\text{V}$，DPZ 的输出 $U_Z = 0$；主电路电流接近零时，U_{i0} 下降到 $+0.2\text{V}$ 左右，DPZ 的输出 $U_Z = 1$。所以 DPZ 的输入应是左右不对称的。为此，在转矩极性鉴别器的基础上增加一个负偏置电路，将特性向右偏移，即可构成零电流检测器。为了突出电流是"0"这种状态，用 DPZ 的输出 U_Z 为"1"表示主电路电流接近零，而当 DPZ 的输出 U_Z 为"0"时，表示主电路有电流。这一点务必清晰。

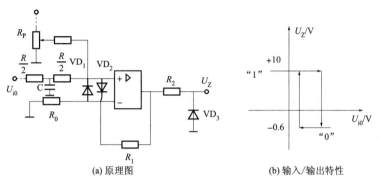

(a) 原理图　　　　　　　　(b) 输入/输出特性

图 3 – 15　零电流检测器 DPZ

2. 逻辑判断电路

逻辑判断电路的功能是根据转矩极性鉴别器和零电流检测器输出信号 U_T 和 U_Z，正确地发出切换信号 U_F 和 U_R，封锁原来工作组的脉冲，开放另一组脉冲。逻辑判断电路如图 3 – 16 所示。

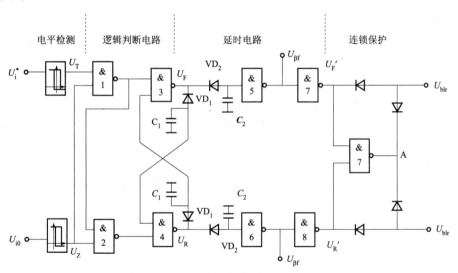

图 3 – 16　无环流逻辑控制器 DLC 原理图

在图 3 – 16 中，根据系统的运行状态对 DLC 的要求，可列出逻辑判断电流的输出 U_F 和 U_R 与输入 U_T 和 U_Z 各量之间的逻辑表达式，即

$$\overline{U_F} = U_R \ (\overline{U_T} + \overline{U_Z}) \tag{3–3}$$

若用与非门实现，可变换为

$$U_F = \overline{U_R \cdot (\overline{U_T} + \overline{U_Z})} = \overline{U_R \cdot (\overline{U_T \cdot U_Z})} \tag{3–4}$$

同理，可以写出 U_R 的逻辑代数表达式为

$$U_R = \overline{U_F \cdot \left[\overline{(\overline{U_T \cdot U_Z})} \cdot U_Z \right]} \tag{3-5}$$

3. 延时电路

在逻辑判断电路发出切换指令 U_F 和 U_R 后，必须经过封锁延时 t_{d1} 和开放延时 t_{d2}，才能执行切换指令。因此，逻辑控制中还须设置延时电路。延时电路的种类很多，最简单的就是阻容延时电路，它由接在与非门输入端的电容 C 和二极管 VD 组成。利用二极管的隔离作用，先使电容 C 充电，待电容端电压充到开门电平时，使与非门动作，从而达到延时的目的，如图 3-16 所示的延时电路部分。

4. 连锁保护电路

系统正常工作时，逻辑电路的两个输出 U'_F 和 U'_R 总是一个为 "1" 状态，另一个为 "0" 状态。但是一旦电路发生故障，两个输出 U'_F 和 U'_R 同时为 "1" 状态，将造成两组晶闸管同时开放而导致电源短路。为了避免这种事故，在无环流逻辑控制器的最后部分设置了多 "1" 连锁保护电流，如图 3-16 所示的连锁保护部分。正常工作时，U'_F 和 U'_R 一个是 "1"，另一个是 "0"。这时保护电路的与非门输出 A 电位始终为 "1" 状态，则实际的脉冲封锁信号 U_{blf} 和 U_{blr} 与 U'_F 和 U'_R 的状态完全相同，是一组开放，另一组封锁。当发生 U'_F 和 U'_R 同时为 "1" 的故障时，A 点电位立即变为 "0" 状态，将 U_{blf} 和 U_{blr} 都拉到 "0" 状态，使两组脉冲同时封锁。

至此，无环流逻辑控制器中各个环节的工作原理就分析完了。

无环流可逆直流调速系统的优点是可省去电抗器，没有附加的环流损耗，从而可以节省变压器和晶闸管装置的设备容量，和有环流系统相比，因环流失败而造成的事故率大为降低。但缺点是由于 DLC 的延时造成了电流换相死区，影响了系统过渡过程的快速性。

以上讨论的逻辑无环流直流调速系统中采用的是两个电流调节器和两套触发装置分别控制正/反晶闸管。实际上，任何时刻系统中只有一组晶闸管工作，另一组由于脉冲被封锁而处于阻断状态，其电流调节器和触发装置是闲置的。如果采用电子模拟开关进行选择，就可以将这一套电流调节器和触发装置节省下来。利用电子模拟开关进行"选触"的逻辑无环流系统的原理如图 3-17 所示，其中 SAF、SAR 分别是正、反组电子模拟开关。此外，系统的工作原理都和前面叙述的系统相同。

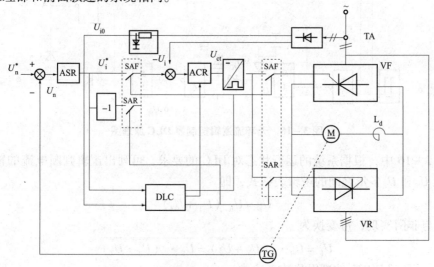

图 3-17 逻辑选触无环流可逆直流调速系统

任务二 错位控制的无环流可逆直流调速系统

错位无环流系统也采用 $\alpha = \beta$ 配合控制，但两组触发脉冲的关系是 $\alpha_f + \beta_r = 300°$ 或 $600°$，初始相位整定在 $\alpha_{f0} = \alpha_{r0} = 150°$ 或 $180°$，系统中设置的两组变流装置，当一组工作时，并不封锁另一组的触发脉冲，而是巧妙地借助触发脉冲相位的错开来实现。即一组晶闸管整流时，另一组处于待逆变状态，但两组触发脉冲的相位错开较远（大于 $150°$），使待逆变组触发脉冲到来时，它的晶闸管器件还处于反向阻断状态，不能导通，从而也不可能产生环流。这就是错位控制的无环流可逆系统。

图 3-18 所示，两组晶闸管装置反并联连接，没有环流电抗器，只设置一个平波电抗器。由图可见，桥式反并联可逆电路有两条通路：一条通路是由 VF 中的晶闸管 1、3、5 和 VR 中的晶闸管 4′、6′、2′构成；另一条通路是由 VF 中的晶闸管 4、6、2 和 VR 中的晶闸管 1′、3′、5′构成。两条通路是对称的，下面仅以一条通路为例对环流进行分析。

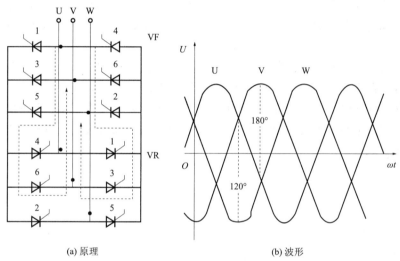

(a) 原理　　　　　　　　　(b) 波形

图 3-18　三相桥式反并联可逆线路中的环流

1. 三相桥式反并联可逆环流系统

图 3-18（b）所示的三相电压波形，先看 U 相与 V 相之间有无环流产生的条件。在 $0° \sim 120°$ 之间，电压 $u_U > u_V$，如在此区域晶闸管 1 和 6′同时有触发脉冲，就会产生 UV 相环流，但当控制角大于 $120°$ 以后，由于 $u_U < u_V$，即使晶闸管 1 和 6′同时有触发脉冲，晶闸管仍然处于阻断状态，不会产生 UV 相环流。因此，判断 UV 相有无环流的条件是看触发脉冲 1 和 6′在什么地方相遇。显然，当触发脉冲 1 和 6′在 $120°$ 线以左相遇时，就有环流；而在 $120°$ 线以右相遇时就没有环流。

再看 U 相与 W 相之间有无环流产生的条件。在 $0° \sim 180°$ 之间，$u_U > u_W$，在此区域内，如晶闸管 1 和 2′同时触发导通，就会产生 UW 相环流。因此，判断 UW 相有无环流的条件是看触发脉冲 1 和 2′在什么地方相遇。在 $180°$ 线以左相遇时，就有环流；而在 $180°$ 线以右相遇时就没有环流。

同理，VW 相、VU 相不出现环流也有由自然换相点算起的 $120°$ 和 $180°$ 界线的问题；UW 相、WV 相不出现环流也有由自然换相点算起的 $120°$ 和 $180°$ 界线的问题。

根据分析和总结，只要在下列任何一种条件下进行配合控制，就一定会产生环流。如果在这两种条件之外，就可以没有环流，即

$$\begin{cases} \alpha_f < 120° \\ \alpha_r < 180° \end{cases} \quad 或 \quad \begin{cases} \alpha_r < 180° \\ \alpha_f < 120° \end{cases}$$

根据上述关系，可在两组控制角的配合特性平面上画出有、无静态环流的分界线，如图 3-19 所示。图中阴影区内为有环流区，阴影区外为无环流区，对于 α、β 配合控制的有环流系统，触发脉冲的零位整定在 $\alpha_{f0} = \alpha_{r0} = 90°$，即图 3-19 中的 O_1 点，调速时 α_{f0} 和 α_{r0} 的关系按线性变化，则控制角的配合特性为 $\alpha_f + \alpha_r = 180°$，即图中的直线 AO_1B。可见，这种系统在整个调节范围内都是有环流的。如果既要消除静态环流，又要保持配合关系，即 $\alpha_f + \alpha_r = $ 常数，应将 α、β 配合特性平行上移到无环流区。由图 3-19 可见，无环流的临界状态是 CO_2D 线。此时零位在 O_2 点，相当于 $\alpha_f + \alpha_r = 150°$；配合特性 CO_2D 线的方程式为

$$\alpha_f + \alpha_r = 300°$$

这种临界状态不可靠，万一参数变化，使控制角减小，就会在某些范围内又出现环流。为安全起见，实际系统常将零位整定在 $\alpha_{f0} + \alpha_{r0} = 180°$（即 O_3 点）。这时 EO_3F 的直线方程为

$$\alpha_f + \alpha_r = 360°$$

这种整定方法，不仅安全可靠，而且调整也很方便。

当错位控制的零位整定在 180° 时，触发装置的移相特性如图 3-19 所示。这时，如果一组脉冲控制角小于 180°，另一组脉冲控制角一定大于 180°。而大于 180° 时的脉冲对系统是无用的，因此只让它停留在 180° 处，或使其大于 180° 后停发脉冲。图 3-20 中控制角超过 180° 的部分用虚线表示。

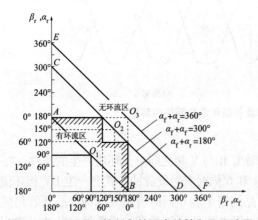

图 3-19　正/反组控制角的配合特性和无环流区

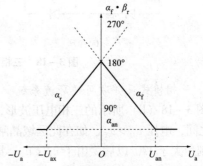

图 3-20　错位无环流的移相控制特性

2. 带电压内环的错位无环流系统

如上所示，零位整定在 180°（或 150°）后，触发脉冲从 180° 移到 90° 的这段时间内，整流器没有电压输出，形成一个 90° 的死区。在死区内，α 角变化并不引起输出量 U_d 变化。为了压缩死区，可以在错位无环流可逆系统中增加一个电压环。

带电压内环的错位无环流可逆调速系统结构如图 3-21 所示。与其他可逆系统不同的地方是不用逻辑装置，另外增加了一个由电压变换器 TVD 和电压调节器 AVR 组成电压环，这样的环节主要有以下几个重要作用。

（1）缩小反向时的电压死区，加快系统的切换过程。

（2）抑制电流断续等非线性因素的影响，提高了系统的动、静态性能。

（3）防止动态环流，保证电流安全换相。

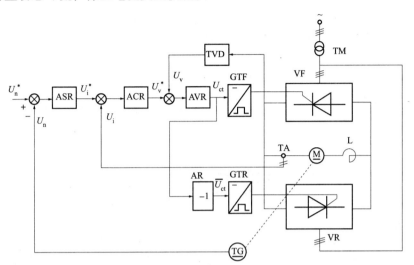

图 3 – 21　带电压内环的错位无环流可逆调速系统结构框图

错位无环流系统的零位整定在 180°时，两组的移相控制特性恰好在纵轴的左、右两侧，因而两组晶闸管的工作范围可按 U_{ct} 的极性来划分，U_{ct} 为正时正组工作，U_{ct} 为负时反组工作。利用这一特点，还可以省掉一套触发装置，对 U_{ct} 的极性进行鉴别后，再通过电子开关选择触发正组还是反组，从而构成了错位选触无环流可逆系统。

思考与练习

3 – 1　晶闸管供电的直流调速系统需要快速回馈制动时，为什么必须采用可逆电路？可逆电路有哪几种形式？

3 – 2　两组晶闸管供电的可逆电路中有哪几种环流？环流是如何产生的？对系统有何利弊？

3 – 3　可逆系统中环流的基本控制方法是什么？

3 – 4　为什么在自然环流可逆系统中要严格控制最小逆变角 β_{min} 和最小整流角 α_{min}？

3 – 5　无环流可逆系统有几种形式？消除环流的出发点是什么？

3 – 6　无环流逻辑控制器 DLC 的任务是什么？

3 – 7　无环流逻辑控制器由哪几部分组成？为什么必须设置封锁延时和开放延时？

3 – 8　错位消除环流的原理是什么？

模块四

直流脉宽调速系统

项目一 脉宽调制原理

知识目标

了解 PWM 的应用。

熟悉 PWM 基本电路。

理解 PWM 控制原理。

掌握可逆 PWM 的工作过程。

能力目标

能够计算 PWM 输出的平均电压。

能够分析电动和制动状态的工作波形。

任务一 PWM 变换器原理

真流调速系统中调节电压是应用最广泛的一种调速方法，为了获得可调的直流电压，还可以利用其他电力电子器件的可控性能，采用脉宽调制技术，直接将恒定的直流电压调制成极性可变、大小可调的直流电压，用以实现直流电动机电枢端电压的平滑调节，构成直流脉宽调速系统。近年来采用门极可关断晶闸管 GTO、全控电力晶体管 GTR、P－MOSFET 等全控式电力电子器件组成的直流脉冲宽度调制（Pulse Width Modulation，PWM）型的调速系统已日益成熟，用途越来越广，与 V－M 系统相比，在许多方面具有较大的优越性：①主电路简单，需用的功率器件少；②开关频率高，电流容易连续，谐波少，电机损耗和发热都较小；③低速性能好，稳速精度高，因而调速范围宽；④系统频带宽，快速响应性能好，动态性能好，动态抗扰能力强；⑤组电路器件工作在开关状态，导通损耗小，装置效率较高；⑥直流电源采用不控三相整流时，电网功率因数高。

当采用全控电力晶体管作为可控电子器件时，称为晶体管直流脉宽调速系统，简写为直流调速系统（GTR - PWM）。随着超大功率晶体管电压和电流等级的日益提高，制造 GTR - PWM 系统的容量也越来越大，在一定功率范围内取代晶闸管调速装置已成为明显的趋势。

直流电动机的 PWM 控制原理如下所述。

脉宽调制调速系统的主电路采用脉宽调制式变换器，简称为 PWM 变换器。图 4 - 1（a）是脉宽调制型调速系统的原理图。虚线框内的开关 S 表示脉宽调制器，调速系统的外加电源电压 U_s 为固定的直流电压，当开关 S 闭合时，直流电流过 S 给电动机 M 供电；开关 S 断开时，直流电源给 M 的电流被切断，M 的储能经二极管 VD 续流，电枢两端电压接近零。如果开关 S 按照固定频率开闭而改变周期内的接通时间时，控制脉冲宽度会相应地改变，从而改变电动机两端的平均电压，达到调速的目的。脉冲波形见图 4 - 1（b），其平均电压为

$$U_d = \frac{1}{T} \int_0^{t_{on}} U_s \, dt = \frac{t_{on}}{T} U_s = \rho U_s \tag{4-1}$$

式中　　T——脉冲周期，s；

　　　　t_{on}——接通时间，s。

可见，在电源 U_s 与 PWM 的周期 T 固定的条件下，U_d 可随 ρ 的改变而平滑调节，从而实现电动机的平滑调速。

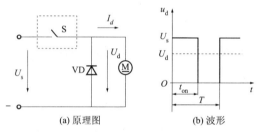

(a) 原理图　　　　　　(b) 波形

图 4 - 1　脉宽调速系统原理

脉宽调制变换器就是一种直流斩波调速，最早是用在直流供电的电动车辆和机车中，用以取代变电阻调速，可以获得显著的节能效果。但在一般工业应用中，由于器件容量的限制，目前直流 PWM 调速还只限于中、小功率的系统，随着器件制造技术的发展，它的应用领域必然会日益扩大。例如，现在门极可关断晶闸管的生产水平已经达到 4500V、2500A，组成的 PWM 变换器可以用来驱动上千千瓦的电动机。

PWM 变换器有不可逆和可逆两类，可逆变换器又有双极式、单极式和受限单极式等多种电路。下面分别介绍它们的工作原理和特点。

任务二　不可逆 PWM 变换器

不可逆脉宽调制变换器又可分为有制动作用和无制动作用两种。

图 4 - 2（a）所示是简单的不可逆 PWM 变换器的主电路原理图，不难看出，它实际上就是直流斩波器，只是采用了全控式的电力晶体管，以代替必须进行强迫断开的晶闸管，开关频率可达 1 ~ 4kHz，比晶闸管几乎提高了一个数量级。电源电压 U_s 一般由不可控整流电源提供，采用大电容 C 滤波，二极管 VD 在晶体管 VT 关断时为电枢回路提供释放电感储能的续流回路。

电力晶体管 VT 的基极由脉宽可调的脉冲电压 U_b 驱动。在一个开关周期内，当 $0 \leqslant t < t_{on}$

时，U_b 为正，VT 饱和导通，电源电压通过 VT 加到电动机电枢两端。当 $t_{on} \leqslant t < T$ 时，U_b 为负，VT 截止，电枢失去电源，经二极管 VD 续流。电动机得到的平均电压为

$$U_d = \frac{t_{on}}{T} U_s = \rho U_s \qquad (4-2)$$

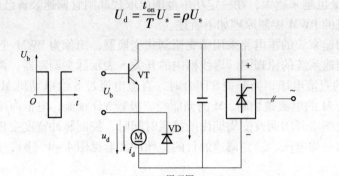

(a) 原理图

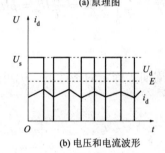

(b) 电压和电流波形

图 4-2　简单的不可逆 PWM 变换器（直流斩波器）电路

改变 ρ 即可实现调压调速。

图 4-2（b）绘出了稳态时电枢的脉冲端电压 u_d、电枢平均电压 U_d 和电枢电流 i_d 的波形。由图可见，稳态电流 i_d 是脉动的，其平均值等于负载电流 $I_{dL} = \dfrac{T_L}{C_m}$。

由于 VT 在一个周期内具有开和关两种状态，电路电压的平衡方程式也分为两个阶段。在 $0 \leqslant t < t_{on}$ 期间，有

$$U_s = Ri_d + L\frac{di_d}{dt} + E \qquad (4-3)$$

在 $t_{on} \leqslant t < T$ 期间，有

$$0 = Ri_d + L\frac{di_d}{dt} + E \qquad (4-4)$$

式中　R，L——电枢电路的电阻和电感，Ω 和 H；

　　　　E——电机反电动势，V。

由于开关频率较高，电流脉动的幅值不会很大，对转速 n 和反电动势 E 的波动影响较小，为了突出主要问题，可忽略不计，而视 n 和 E 为恒值。

图 4-2 所示的简单不可逆电路中电流 i_d 不能反向，因此不能产生制动作用，只能做单象限运行。需要制动时必须具有方向电流 i_d 的通路，因此应该设置控制反向通路的第二个电力晶体管，形成两个晶体管 VT_1 和 VT_2 交替开关的电路，如果 4-3（a）所示。这种电路组成的 PWM 调速系统可在第 I、第 II 两个象限中运行。

VT_1 和 VT_2 的驱动电压大小相等、方向相反，即 $U_{b1} = -U_{b2}$，当电机在制动状态下运行

时，平均电流应为正值，一个周期内分两段变化。在 $0 \leq t < t_{on}$ 期间（t_{on} 为 VT_1 导通时间），U_{b1} 和 U_{b2} 都变换极性，VT_1 截止，但 VT_2 却不能导通，因为 i_d 沿回路 2 经二极管 VD_2 两端产生的压降给 VT_2 施加了反压，使它失去导通的可能。因此，实际上是 VT_1、VD_2 交替导通，而 VT_2 始终不通，其电压和电流波形如图 4-3（b）所示。虽然多了一个晶体管 VT_2，但它并没有被用上，其波形和图 4-2 的情况完全一样。

如果在制动运行中要降低转速，则应先减小控制电压，使 U_{b1} 的正脉冲变窄，负脉冲变宽，从而使平均电枢电压 U_d 降低，但由于惯性的作用，转速和反电动势还来不及立刻变化，造成 $E > U_d$ 的局面。这时就希望 VT_2 能在电动机制动中发挥作用。现在先分析 $t_{on} \leq t < T$ 这一阶段，由于 U_{b2} 变正，VT_2 导通，$E - U_d$ 产生的反向电流 i_d 沿回路 3 通过 VT_2 流通，产生能耗制动，直到 $t = T$ 为止。在 $T \leq t < T + T_{on}$（也就是 $0 \leq t < t_{on}$）期间，VT_2 截止，$-i_d$ 沿回路 4 通过 VD_1 续流，对电源回馈制动，同时在 VD_1 上的压降使 VT_1 不能导通。在整个制动状态中，VT_2、VD_1 轮流导通，而 VT_1 始终截止，电压和电流波形示于图 4-3（c）中。反向电流的制动作用使电动机转速下降，直到新的稳态。最后应该指出，当直流电源采用半导体整流装置时，在回馈制动阶段电能不可能通过它送回电网，只能向滤波电容 C 充电，从而造成瞬间的电压升高，称为"泵升电压"。如果回馈能量大，泵升电压太高，将危及电力晶体管和整流二极管，须采取措施加以限制。

还有一种特殊情况，在轻载制动状态中负载电流较小，以至当 VT_1 关断后 i_d 的续流很快就衰减到零，如在图 4-3（d）中 $t_{on} \sim T$ 期间的 t_2 时刻。这时二极管 VD_2 两端的压降也降为零，使 VT_2 得以导通，反电动势 E 沿回路 3 送过反向电流 $-i_d$，产生局部时间的能耗制动作用。到了 $t = T$（相当于 $t = 0$）时，VT_2 关断，$-i_d$ 又开始沿回路 4 经 VD_1 续流，直到 $t = t_4$ 时，$-i_d$ 衰减到零，VT_1 才开始导通。这种在一个开关周期内 VT_1、VD_2、VT_2、VD_1 这 4 个管子轮流导通的电流波形示于图 4-3（d）。

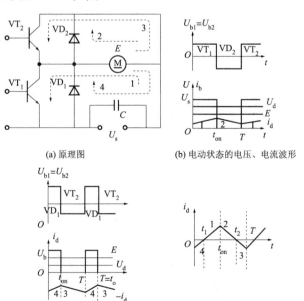

(a) 原理图　　　　　　　　　　(b) 电动状态的电压、电流波形

(c) 制动状态的电压、电流波形　　　(d) 轻载电动状态的电压、电流波形

图 4-3　有制动电流通路的不可逆 PWM 变换电路

项目二　可逆 PWM 变换器

知识目标

了解双极式 PWM 的控制方式的优点。

熟悉 H 型 PWM 变换电路。

理解双极式 PWM 变换电路的续流过程。

掌握受限单极式 PWM 变换器工作原理。

能力目标

能够分析双极式 PWM 变换器的工作原理。

能够总结不同 PWM 控制方式下的优、缺点。

可逆 PWM 变换器主电路的结构有 H 型、T 型等类型，现在主要讨论常用的 H 型变换器，它是由 4 个电力晶体管和 4 个续流二极管组成的桥式电路。H 型变换器在控制方式上分为双极式、电极式和受限单极式 3 种。下面着重分析双极式 H 型 PWM 变换器，然后再简要地说明其他方式的特点。

任务一　双极式可逆 PWM 变换器

图 4-4 重绘出了双极式 H 型可逆 PWM 变换器的电路原理。4 个电力晶体管的基极驱动电压分为两组。VT_1 和 VT_4 同时导通和关断，其驱动电压 $U_{b1} = U_{b4}$；VT_2 和 VT_3 同时动作，其驱动电压 $U_{b2} = U_{b3} = -U_{b1}$。它们的波形示于图 4-5 中。

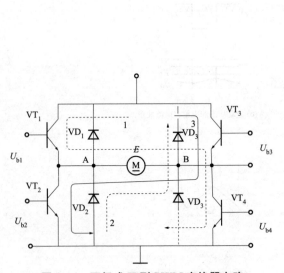

图 4-4　双极式 H 型 PWM 变换器电路

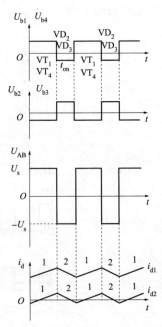

图 4-5　双极式 PWM 变换器电压和电流波形

在一个开关周期内，当 $0 \leqslant t < t_{on}$ 时，U_{b1} 和 U_{b4} 为正，晶体管 VT_1 和 VT_4 饱和导通，而 U_{b2} 和 U_{b3} 为负，VT_2 和 VT_3 截止。这时，$+U_s$ 加在电枢 AB 两端，$U_{AB} = U_s$。电枢电流 i_d 沿回路 1

流通。当 $t_{on} \leqslant t < T$ 时，U_{b1} 和 U_{b4} 变负，VT$_1$ 和 VT$_4$ 截止，U_{b2}、U_{b3} 变正，但 VT$_2$、VT$_3$ 并不能立即导通，因为在电枢电感释放储能的作用下，i_d 沿回路 2 经 VD$_2$、VD$_3$ 续流，在 VD$_2$、VD$_3$ 上的压降使 VT$_2$ 和 VT$_3$ 的 $c-e$ 端承受着反压，这时 $U_{AB} = -U_s$，U_{AB} 在一个周期内正负相间，这是双极式 PWM 变换器的特征，其电压、电流波形示于图 4-5 中。

由于电压 U_{AB} 的正、负变化，使电流波形存在两种情况，如图 4-5 中的 i_{d1} 和 i_{d2}。i_{d1} 相当于电动机负载较重的情况，这时平均负载电流大，在续流阶段电流仍维持正方向，电机始终工作在第 I 象限的电动状态。i_{d2} 相当于负载很轻的情况，平均电流小，在续流阶段电流很快衰弱到零，于是 VT$_2$ 和 VT$_3$ 的 $c-e$ 两端失去反压，在负的电源电压（$-U_s$）和电枢反电动势的合成作用下导通，电枢电流反向，沿回路 3 流通，电动机处于制动状态。与此类似，在 $0 \leqslant t < t_{on}$ 期间，当负载轻时，电流也有一次倒向。

这样看来，双极式可逆 PWM 变换器的电流波形不可逆，与有制动电流通路的 PWM 变换器也差不多，怎样才能反映出"可逆"的作用呢？这要视正、负脉冲电压的宽窄而定。当正脉冲较宽时，$t_{on} > T/2$，则电枢两端的平均电压为正，在制动运行时电动机正转。当正脉冲较窄时，$t_{on} < T/2$，平均电压为负，电动机反转。如果正、负脉冲宽度相等，$t_{on} = T/2$，平均电压为零，则电动机停止。图 4-5 所示的电压、电流波形都是在电动机正转时的情况。双极式可逆 PWM 变换器为电枢提供的平均电压用公式表示为

$$U_d = \frac{1}{T} \int_0^{t_{on}} U_s \, dt = \frac{t_{on}}{T} U_s - \frac{T - t_{on}}{T} U_s = \left(\frac{2t_{on}}{T} - 1 \right) U_s \qquad (4-5)$$

仍以 $\rho = U_d / U_s$ 来定义 PWM 电压的占空比，则 ρ 与 t_{on} 的关系与前面不同了，现在有

$$\rho = \frac{2t_{on}}{T} - 1 \qquad (4-6)$$

调速时，ρ 的变化范围变成 $-1 \leqslant \rho \leqslant 1$。当 ρ 为正值时，电动机正转；当 ρ 为负值时，电动机反转；当 $\rho = 0$ 时，电动机停止。在 $\rho = 0$ 时，虽然电动机不动，电枢两端的瞬时电压和瞬时电流却都不是零，而是交变的。这个交变电流平均值为零，不产生平均转矩，会徒然增大电动机的损耗。但它的好处是使电动机带有高频的微振，起着"动力润滑"的作用，可消除正、反向时的静摩擦死区。

双极式可逆 PWM 变换器的优点：①电流一定连续；②可使电动机在 4 个象限中运行；③电动机停止时有微振电流，能消除静摩擦死区；④低速时，每个晶体管的驱动脉冲仍较宽，有利于保证晶体管的可靠导通；⑤低速平稳性好，调速范围可达 20000 左右。

双极式可逆 PWM 变换器的缺点：在工作过程中 4 个电力晶体管都处于开关状态，开关损耗大，而且容易发生上、下两管直通（即同时导通）的事故，降低了装置的可靠性。为了防止上、下两管直通，在一管关断和另一管导通的驱动脉冲之间应设置逻辑延时。

任务二　单极式 PWM 变换器

为了克服双极式可逆变换器的上述缺点，对于静、动态性能要求低一些的系统，可采用电极式可逆 PWM 变换器。其电路图仍和双极式的一样，如图 4-4 所示，不同之处仅在于驱动脉冲信号。在单极式可逆 PWM 变换器中，左边两个管子的驱动脉冲 $U_{b1} = -U_{b2}$，具有和双极式一样的正负交替的脉冲波形，使 VT$_1$ 和 VT$_2$ 交替导通。右边两管 VT$_3$ 和 VT$_4$ 的驱动信号就不同了，改成因电动机的转向而施加不同的直流控制信号。当电动机正转时，使

U_{b3} 恒为负，U_{b4} 恒为正，则 VT$_3$ 截止而 VT$_4$ 常通。希望电动机反转时，则 U_{b3} 恒为正而 U_{b4} 恒为负，使 VT$_3$ 导通而 VT$_4$ 截止。这种驱动信号的变化显然会使不同阶段电流方向连续不变时，各管的开关情况和电枢电压的状况列于表 4 - 1 中，同时列出了双极式变换器的情况以资比较。负载较轻时，电流在一个周期内也会来回变向，这时各管导通和截止的变化还要多些，读者可以自行分析。

表 4 - 1 中，单极式变换器的 U_{AB} 一栏表明，在电动机朝一个方向旋转时，可逆 PWM 变换器只在一个阶段中输出某一极性的脉冲电压，在另一阶段中 $U_{AB}=0$，这是它之所以称做"单极式"变换器的原因。正因为如此，它的输出电压波形与不可逆 PWM 变换器一样了，见图 4 - 3（b）和式（4 - 2）。

表 4 - 1　双极式、单极式和受限单极式可逆 PWM 变换器的比较（负载较重的情况下）

控制方式	电动机转向	$0 \leqslant t \leqslant t_{on}$		$t_{on} \leqslant t \leqslant T$		占空比调节范围
		开关状况	U_{AB}	开关状况	U_s	
双极式	正转	VT$_1$、VT$_4$ 导通 VT$_2$、VT$_3$ 截止	$+U_s$	VT$_1$、VT$_4$ 截止 VD$_2$、VD$_3$ 续流	$-U_s$	$0 \leqslant \rho \leqslant 1$
	反转	VD$_1$、VD$_4$ 续流 VT$_2$、VT$_3$ 截止	$+U_s$	VT$_1$、VT$_4$ 截止 VT$_2$、VT$_3$ 导通	$-U_s$	$-1 \leqslant \rho \leqslant 0$
单极式	正转	VT$_1$、VT$_4$ 导通 VT$_2$、VT$_3$ 截止	$+U_s$	VT$_4$ 导通、VD$_2$ 续流 VT$_1$、VT$_3$ 截止 VT$_2$ 不通	0	$0 \leqslant \rho \leqslant 1$
	反转	VT$_3$ 导通、VD$_1$ 续流，VT$_2$、VT$_4$ 截止，VT$_1$ 不通	0	VT$_2$、VT$_3$ 导通 VT$_1$、VT$_4$ 截止	$-U_s$	$-1 \leqslant \rho \leqslant 0$
受限单极式	正转	VT$_1$、VT$_4$ 导通 VT$_2$、VT$_3$ 截止	$+U_s$	VT$_4$ 导通、VD$_2$ 续流 VT$_1$、VT$_2$、VT$_3$ 截止	0	$0 \leqslant \rho \leqslant 1$
	反转	VT$_2$、VT$_3$ 导通 VT$_1$、VT$_4$ 截止	$-U_s$	VT$_3$ 导通、VD$_1$ 续流 VT$_1$、VT$_2$、VT$_4$ 截止	0	$-1 \leqslant \rho \leqslant 0$

由于单极式变换器的电力晶体管 VT$_3$ 和 VT$_4$ 两者之中总有一个导通，一个截止，运行中无需频繁交替导通。因此，和双极式变换器相比，开关损耗可以减小，装置的可靠性有所提高。

任务三　受限单极式可逆 PWM 变换器

单极式变换器在减少开关损耗和提高可靠性方面要比双极式变换器好，但是仍然存在有一对晶体管 VT$_1$ 和 VT$_2$ 交替导通和关断时电源直通的危险。再研究一下表 4 - 1 中各晶体管的开关状况可以发现，当电动机正转时，在 $0 \leqslant t \leqslant t_{on}$ 期间，VT$_2$ 是截止的；在 $t_{on} \leqslant t < T$ 期间；由于经过 VD$_2$ 续流，VT$_2$ 也不通。既然如此，不如让 U_{b2} 恒为负，使 VT$_2$ 一直截止。同样，当电动机反转时，让 U_{b1} 恒为负，使 VT$_1$ 一直截止。这样就不会产生 VT$_1$ 和 VT$_2$ 直通的故障了，这种控制方式称做受限单极式。

受限单极式可逆变换器在电动机正转时 U_{b2} 恒为负，VT$_2$ 一直截止，在电动机反转时，U_{b1} 恒为负，VT$_1$ 一直截止，其他驱动信号都和一般单极式变换器相同。如果负载较重，电流 i_d 在一个方向内连续变化，所有的电压、电流波形都和一般单极式变换器一样。但是，当负载较轻时，由于有两个晶体管一直处于截止状态，不可能导通，因而不会出现电流变向的情况，在续流期间电流衰减到零时（$t = t_d$），波形便中断了，这时电驱两端电压跳变到 $U_{AB} = E$，如图 4 - 6 所示。这种轻载电流断续的现象将使变换器的外特性变软，和 V - M 系统中的情况十分相似。它使 PWM 调速系统的静、动态性能变差，换来的好处则是可靠性的提高。

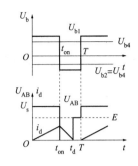

图 4 - 6　受限单极式可逆
PWM 调速系统轻载时

电流断续时，电枢电压的提高把平均电压也抬高了，成为

$$U_d = \rho U_s + \frac{T - t_d}{T} E$$

令 $E \approx U_d$，则

$$U_d \approx \left(\frac{T}{t_d} \right) \rho U_s = \rho' U_s$$

由此求出新的负载电压系数为

$$\rho' = \frac{T}{t_d} \rho \qquad\qquad (4 - 7)$$

由于 $T \geqslant t_d$，因而 $\rho' \geqslant \rho$，但 ρ' 的值仍在 $-1 \sim +1$ 之间变化。

任务四　脉宽调速系统的开环机械特性

前面分析表明，不管是带制动回路的不可逆 PWM 电路，还是双极式和单极式的不可逆 PWM 电路，其稳态的电压、电流波形都是相似的。由于电路中具有反向电流通路，在同一转向电流可正可负，无论是重载还是轻载，电流波形都是连续的，这就使得机械特性的关系式简单得多。

对于有制动能力的不可逆电路和单极式可逆电路，其电压方程式为

$$\begin{cases} U_s = R i_d + L \dfrac{\mathrm{d}i_d}{\mathrm{d}t} + E & 0 \leqslant t < t_{on} \\[2mm] 0 = R i_d + L \dfrac{\mathrm{d}i_d}{\mathrm{d}t} + E & t_{on} \leqslant t < T \end{cases} \qquad (4 - 8)$$

对于双极式可逆电路，只要第二个方程中的电源电压改为 $-U_s$ 即可，其余不变，即

$$\begin{cases} U_s = R i_d + L \dfrac{\mathrm{d}i_d}{\mathrm{d}t} + E & 0 \leqslant t < t_{on} \\[2mm] -U_s = R i_d + L \dfrac{\mathrm{d}i_d}{\mathrm{d}t} + E & t_{on} \leqslant t < T \end{cases} \qquad (4 - 9)$$

无论上述哪一种情况，一个周期内电枢两端的电压平均值都是 $U_d = \rho U_s$，只是 ρ 值与 t_{on} 和 T 的关系不同，如式（4 - 6）所示。如果用 I_d 来表示平均电流，而电枢回路电感两端电压 $L \dfrac{\mathrm{d}i_d}{\mathrm{d}t}$ 的平均值为零。那么式（4 - 8）和式（4 - 9）的平均值方程都可以写成

$$\rho U_s = R I_d + E = R I_d + C_e n$$

则机械特性方程式为

$$n = \frac{\rho U_s}{C_e} - \frac{R}{C_e} I_d = n_0 - \frac{R}{C_e} I_d$$

其中，理想空载转速 $n_0 = \rho \dfrac{U_s}{C_e}$，与占空比 ρ 成正比。

思考与练习

4-1　什么样的波形称为 PWM 波形？怎样产生这种波形？

4-2　绘制典型 PWM 变换电路的基本结构。

4-3　双极式工作方式的系统中电枢电流会不会产生断续的情况？

4-4　双极式 H 型变换器是如何实现系统可逆运行的？画出相应的电压、电流波形。

4-5　PWM 变换器中是否必须设置续流二极管？为什么？

4-6　晶体管 PWM 变换器驱动电路有什么特点？

4-7　在直流脉宽调速系统中，当电动机停止不动时，电枢两端是否有电压？电路中是否有电流？为什么？

模块五

计算机控制的直流调速系统

项目一　数字化控制

知识目标

了解数字控制系统的结构。

熟悉数字控制的特点。

理解采样定理。

掌握中断控制。

能力目标

能够描述硬件电路。

能够编制完成软件流程图。

任务　计算机数字控制的主要特点

在前面任务中论述了直流调速系统的基本规律和设计方法，所有的调节器均用运算放大器实现，属模拟控制系统。模拟系统具有物理概念清晰、控制信号流向直观等优点，便于学习入门，但其控制规律体现在硬件电路和所用的器件上，因而电路复杂、通用性差，控制效果受到器件性能、温度等因素的影响。

以微处理器为核心的数字控制系统（简称微机数字控制系统）硬件电路的标准化程度高，制作成本低，且不受器件温度漂移的影响。其控制软件能够进行逻辑判断和复杂运算，可以实现不同于一般线性调节的最优化、自适应、非线性、智能化等控制规律，而且更改起来灵活方便。总之，微机数字控制系统的稳定性好、可靠性高，可以提高控制性能。此外，还拥有信息存储、数据通信和故障诊断等模拟控制系统无法实现的功能。

由于计算机只能处理数字信号，因此与模拟控制系统相比，微机数字控制系统的主要特点是离散化和数字化，一般控制系统的控制量和反馈量都是模拟的连续信号，为了把它们输入计算机，必须首先在具有一定周期的采样时刻对它们进行实时采样，形成一连串的脉冲信号，即离散的模拟信号，这就是离散化。采样后得到的离散模拟信号本质上还是模拟信号，不能直接进入计算机，还须经过数字量化，即用一组数码（如二进制码）来逼近离散模拟信号的幅值，将它转换成数字信号，这就是数字化。

离散化和数字化的结果导致了信号在时间上和量值上的不连续性，从而会引起下述的负面效应：模拟信号可以有无穷多的数值，而数码总是有限的，用数码来逼近模拟信号是近似的，会产生量化误差，影响控制精度和平滑性，经过计算机运算和处理后输出的信号仍是一个时间上离散、量值上数字化的信号，显然不能直接作用于被控对象，必须由数/模转换器（D/A）和保持器将它转换为连续的模拟量，再经放大后驱动被控对象。但是，保持器会提高控制系统传递函数分母的阶次，使系统的稳定裕量减小，甚至会破坏系统的稳定性。

随着微电子技术的进步，微处理器的计算速度不断提高，其位数也在不断增加，上述两个问题的影响已经越来越小。

1. 数字量化

在微机数字控制系统中，将模拟量输入计算机前必须进行数字量化。量化的原则是，在保证不溢出的前提下，精度越高越好。可用存储系数 K 来显示量化的精度，其定义为

$$K = \frac{计算机内部存储值}{物理量的实际值}$$

微机数字控制系统中的存储系数相当于模拟控制系统中的反馈系数。显然，存储系数与物理量的变化范围和计算机内定点数的长度有关，下面用例子来说明。

例 某直流电机的额定电枢电流 $I_N = 136\text{A}$，允许过流倍数 $\lambda = 1.5$，额定转速 $n_N = 1460\text{r/min}$，计算机内部定点数占一个字的位置（16bit）。试确定电枢电流和转速存储系数。

解 定点数长度为 1 个字（16bit），但最高位须用作符号位，只有 15bit 可表示量值，故最大的存储值 $D_{max} = 2^{15} - 1$。电枢电流最大允许值为 $1.5I_N$，考虑到调节过程中瞬时值可能超过此值，故取 $1.8I_N$。因此，电枢电流存储系数为

$$K_\beta = \frac{2^{15} - 1}{1.8I_N} = \frac{32767}{1.8 \times 136\text{A}} = 133.85\text{A}^{-1}$$

额定转速 $n_N = 1460\text{r/min}$，取 $n_{max} = 1.3n_N$，则转速存储系数为

$$K_\alpha = \frac{2^{15} - 1}{1.3n_N} = \frac{32767}{1.3 \times 1460\text{r/min}} = 17.264\text{min/r}$$

对上述运算结果取整，得 $K_\beta = 133\text{A}^{-1}$，$K_\alpha = 17 \ (\text{r/min})^{-1}$。这里计算的存储系数只是其最大允许值，在实际应用中还可以取略小一些的量值。合理地选择存储系数可以简化运算。

2. 采样频率的选择

微机数字控制系统是离散系统，数字控制器必须定时地对给定信号和反馈信号进行采样，要使离散的数字信号在处理完毕后能够不失真地复现连续的模拟信号，对系统的采样频率须有一定的要求。

根据香农（Shannon）采样定理，采样频率 f_{sam} 应不小于信号最高频率 f_{max} 的 2 倍，即 $f_{sam} \geq 2f_{max}$，这时经采样及保持后，原信号的频谱可以不发生明显的畸变，系统可保持原有的性能。但实际系统中信号的最佳频率很难确定，尤其对非周期性信号（系统的过渡过程）来说，其

频谱为 $0 \sim \infty$ 的连续函数，理论上最高频率 f_{max} 为无穷大。因此，难以直接用采样定理来确定系统的采样频率。在一般情况下，可以令采样周期 $T_{sam} \leqslant \dfrac{1}{4 - 10} T_{min}$，$T_{min}$ 为控制对象的最小时间常数；或用采样角频率 $\omega_{sam} \geqslant (4 \sim 10) \omega_c$（$\omega_c$ 为控制系统的截止频率）。

采样频率越高，离散系统越接近连续系统。但在采样周期内必须完成信号的采集与转换过程，完成控制运算，并输出控制信号，所以采样的周期又不能太短，也就是说，采样的频率总是有限的。另外，过高的采样频率可能造成不必要的累计误差。因此，在微机数字控制系统中，合理采用采样频率相当重要。

3. 微机数字控制系统的输入与输出变量

微机数字控制系统的输入与输出可以是模拟量，也可以是数字量。模拟量是连续变化的物理量，如转速、电流和电压等。对于计算机来说，所有的模拟输入量必须经过 A/D 转换为数字量，而模拟输出量必须经过 D/A 转换才能得到。数字量是量化了的模拟量，可以直接参与数字运算。

1）系统给定

系统给定有模拟给定和数字给定两种方式。

模拟给定是以模拟量表示的给定值，如给定电位器的输出电压，模拟给定须经 A/D 转换为数字量再参与运算，如图 5 - 1 所示。

数字给定是用数字量表示的给定值，可以是拨盘设定、键盘设定或采用通信方式由上位机直接发送，如图 5 - 2 所示。

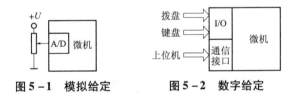

图 5 - 1　模拟给定　　　图 5 - 2　数字给定

2）状态检测

系统运行中的实际状态量，如转速、电压和电流等，在闭环控制时应该反馈给微机，因此必须首先检测出来。

3）转速检测

转速检测有模拟和数字两种方法。模拟测速一般采用测速发电机，其输出电压不仅表示了转速的大小，还包括了转速的方向，在调速系统中（尤其在可逆系统中）转速的方向也是不可缺少的。当测速发电机输出电压通过 A/D 转换输入到微机时，由于多数 A/D 转换电路只是单极性的，因此必须经过适当的变换，将双极性的电压信号转换为单极性电压信号，经过 A/D 转换后得到以偏移码变换为源码或补码，然后进行闭环控制。有关偏移码或源码或补码的内容可参考相关的计算机控制文献。

模拟测速方法的精确度不够高，在低速时更为严重，对于要求精度高和调速范围大的系统，往往需要采用旋转编码器测速，即数字测速。

4）电流和电压检测

电流和电压检测除了用来构成相应的反馈控制外，还是各种保护和故障诊断信息的来源。电流和电压信号也存在幅值和极性的问题，需要经过一定的处理后，经 A/D 转换送入微机，其处理方法与转速相同。

5）输出变量

微机数字控制器的控制对象是功率变换器，可以用开关量直接控制功率器件的通断，也可以用经 D/A 转换得到的模拟量去控制功率变换器。随着电动机控制专用单片机的产生，前者逐渐成为主流，如 Intel 公司的 8X196MC 系列和 T1 公司的 TMS320X240 系列单片机可直接生成 PWM 驱动信号，经过放大环节控制功率器件，从而控制功率变换器的输出电压。

4. 计算机数字控制的双闭环直流调速系统的硬件和软件

就控制规律而言，微机数字控制的双闭环直流调速系统与前面任务中介绍的用模拟器件组成的双闭环直流调速系统完全等同。将前面任务中所述的模拟控制双闭环直流调速系统的结构图重画在图 5 - 3 中，其中，原来用电压量表示的给定信号和反馈信号，现在改为数字量，用下标"dig"表示，如 n_{dig}、I_{dig} 等，因而反馈系数也就改成存储系数，然后再用虚数线把由微机实现的控制器部分框起来，就成为微机数字控制的双闭环直流调速系统。

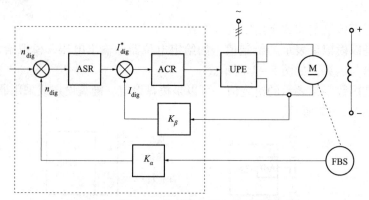

图 5 - 3　微机数字控制的双闭环直流调速系统

5. 微机数字控制的双闭环直流调速系统的硬件结构

微机数字控制的双闭环直流调速系统主电路中的 UPE 可以是晶闸管可控整流器，也可以是直流 PWM 功率变换器，现以后者为例讨论系统的实现，其硬件结构如图 5 - 4 所示。如果采用晶闸管可控整流器，只是不用微机中的 PWM 生成环节，而是采用不同的方法控制晶闸管的触发相角。

1）主回路

三相交流电源经不可控整流器变换为电压恒定的直流电源，再经过直流 PWM 变换器得到可调的直流电压，给直流电动机供电。

2）检测回路

检测回路包括电压、电流、温度和转速检测，其中电压、电流和温度检测由 A/D 转换通道变为数字量送入微机，转速检测用数字测速。

3）故障综合

对电压、电流、温度等信号进行分析比较后，若发生故障立即通知微机，以便及时处理，避免故障进一步扩大。

4）数字控制器

数字控制器是系统的核心，选用专为电机控制设计的 Intel 8X196MC 系统或 TI 公司的 TM S320X240 系列单片机，配以显示、键盘等外围电路，通过通信接口与上位机和其他外设交换数据。这种微机芯片本身都带有 A/D 转换器，通过 I/O 和通信接口，还带有一般微机不具有的故障保护、数字测速和 PWM 生成功能，可大大简化数字控制系统的硬件电路。

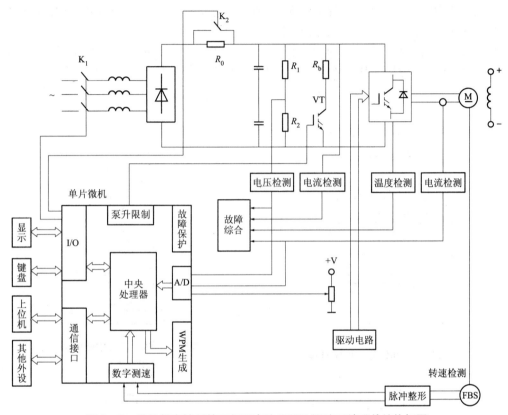

图 5 - 4　微机数字控制的双闭环直流 PWM 调速系统硬件结构框图

6. 微机数字控制的双闭环直流调速系统的软件框图

微机数字控制系统的控制规律是靠软件来实现的。所有的硬件也必须由软件实施管理，微机数字控制双闭环直流调速系统的软件有主程序、初始化子程序和中断服务子程序等。

1）主程序

主程序完成实时性要求不高的功能，完成系统初始化后，实现键盘处理、刷新显示、与上位计算和其他外设通信等功能。其主程序流程如图 5 - 5 所示。

2）初始化子程序

初始化子程序完成硬件器件工作方式的设定、系统运行参数和变量的初始化等，初始化子程序流程如图 5 - 6 所示。

3）中断服务子程序

中断服务子程序具有完成实时性强的功能，如故障保护、PWM 生成、状态检测和数字 PI 调节等。中断服务子程序由相应的

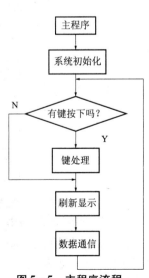

图 5 - 5　主程序流程

中断源提出申请，CPU 实时响应。

转速调节中断服务子程序流程如图 5-7 所示，进入转速调节中断服务子程序后，首先应保护现场。在计算实际转速，完成转速 PI 调节，最后起动转速检测，为下一步调节做准备。在中断返回前应恢复现场，使被中断的上级程序正确、可靠地恢复运行。

电流调节中断服务子程序流程如图 5-8 所示，主要完成电流 PI 调节和 PWM 生成功能，然后起动 A/D 转换，为下一步调节做准备。

故障保护中断服务子程序流程如图 5-9 所示。进入故障保护中断服务子程序后，首先封锁 PWM 输出，再分析、判断故障，显示故障原因并报警，最后等待系统复位。

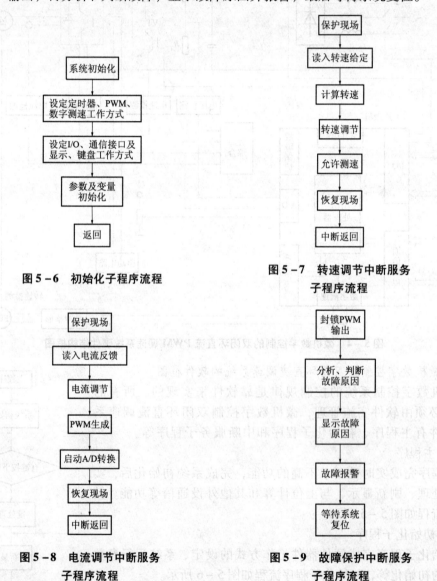

图 5-6　初始化子程序流程

图 5-7　转速调节中断服务
子程序流程

图 5-8　电流调节中断服务
子程序流程

图 5-9　故障保护中断服务
子程序流程

当故障保护引脚的电平发生跳变时申请故障保护中断，而转速调节和电流调节均采用定时中断。3 种中断服务中，故障保护中断的优先级别最高，电流中断次之，转速调节中断的级别最低。

项目二　数字控制分析

知识目标

了解旋转编码器。

熟悉数字滤波的方法。

理解 M 法和 T 法测速的计算方法。

掌握 M 法和 T 法测速的计算方法。

能力目标

能够描述测速软件流程。

能够编写数字滤波软件。

任务一　数字测速

数字测速具有测速精度高、分辨能力强、受器件影响小等优点。被广泛应用于测速要求高、测速范围大的测速系统和伺服系统。

1. 转速编码器

光电式旋转编码器是转速或转角的检测器件，旋转编码器与电动机相连。当电动机转动时，带动码盘旋转，便发出转速或转角信号。旋转编码器可分为绝对式和增量式两种。绝对式编码器在码盘上分别表示角度的二进制数码或循环码（格雷码）。通过接收器将该数码送入计算机。绝对式编码器常用于检测转角，若需得到转速信号，必须对转角进行微分处理，增量式编码器在码盘上均匀地刻制一定数量的光栅，如图 5 – 10 所示，当电动机旋转时，码盘随之一起转动。通过光栅的作用，持续不断地开放或封闭通路，因此，在接收装置的输出端便得到频率与转速成正比的方波脉冲序列，从而可以计算转速。

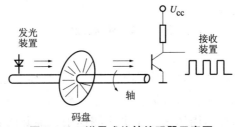

图 5 – 10　增量式旋转编码器示意图

上述脉冲序列正确地反映了转速的高低，但不能鉴别转向。为了获得转速的方向，可增加一对反光与接收装置，使两对发光与接收装置错开光栅节距的 1/4，则两组脉冲序列 A 和 B 的相位相差 90°，如图 5 – 11 所示，正转时 A 相超前 B 相；反转时 B 相超前 A 相。采用简单的鉴相电路就可以分辨出转向。

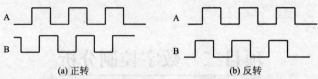

(a) 正转   (b) 反转

图 5 - 11　区分旋转方向的 A、B 两组脉冲序列

若码盘的光栅数为 N，则转速分辨率为 $1/N$，常用的旋转编码器光栅数有 1024、2048、4096 等。再增加光栅数将大大增加旋转编码器的制作难度和成本。采用倍频电路可以有效地提高旋转分辨率，而不增加旋转编码器的光栅数，一般多采用 4 倍频电路，大于 4 倍频则较难实现。

采用旋转编码器的数字测速方法有 3 种，即 M 法、T 法和 M/T 法。

2. M 法测速

在一定的时间 T_c 内测取旋转编码器输出的脉冲个数 M_1，用以计算这段时间内的平均转速，称为 M 法测速（图 5 - 12）。把 M_1 除以 T_c 就可以得到旋转编码器输出脉冲的频率 $f_1 = M_1/T_c$，所以又称为频率法。电动机每转一圈共产生 Z 个脉冲（Z = 倍频系数 × 编码器光栅数），把 f_1 除以 Z 就得到电动机的转速。习惯上，时间 T_c 以 s 为单位，而转速是以 r/min 为单位，则电动机的转速为

$$n = \frac{60M_1}{ZT_c} \tag{5-1}$$

在式（5 - 1）中，Z 和 T_c 均为常值，因此转速 n 正比于脉冲个数 M_1。高速时 M_1 大，量化误差较小，随着转速的降低误差增大，转速过低时 M_1 将小于 1，测速装置便不能正常工作。所以 M 法测速只适用于高速段。

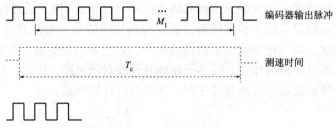

编码器输出脉冲

测速时间

图 5 - 12　M 法测速

3. T 法测速

在编码器两个相邻输出脉冲的间隔时间内，用一个计数器对已知频率为 f_0 的高频时钟脉冲进行计数，并由此来计算转速，称为 T 法测速（图 5 - 13）。在这里，测速时间缘于编码器输出脉冲的周期，所以又称为周期法。在 T 法测速中，准确的测速时间 T_t 是用所得的高频时钟脉冲个数 M_2 计算出来的，即 $T_t = M_2/f_0$，则电动机转速为

$$n = \frac{60}{ZT_c} = \frac{60f_0}{ZM_2} \tag{5-2}$$

高速时小，量化误差大，随着转速的降低误差减小。所以 T 法测速适用于低速段，与 M 法恰好相反。

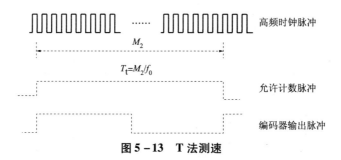

图 5 – 13　T 法测速

4. M/T 法测速

把 M 法和 T 法结合起来，既检测 T_c 时间内旋转编码器输出的脉冲个数 M_1，又检测同一时间间隔的高频时钟脉冲个数 M_2，用来计算转速，称为 M/T 法测速。时钟脉冲的频率为 f_0，则准确的测速时间 $T_t = M_2/f_0$，而电动机转速为

$$n = \frac{60M_1}{ZT_t} = \frac{60M_1 f_0}{ZM_2} \tag{5 – 3}$$

采用 M/T 法测速时，应保证高频时钟脉冲计数器与旋转编码器输出脉冲计数器同时开始与关闭，以减小误差（图 5 – 14）。只有等到编码器输出脉冲前沿到达时，两个计数器才同时允许开始或停止计数。

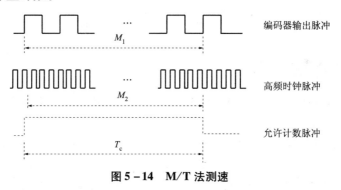

图 5 – 14　M/T 法测速

由于 M/T 法的计数值 M_1 和 M_2 都随着转速的变化而变化，高速时相当于 M 法测速，最低时速 $M_1 = 1$，自动进入 T 法测速。因此，M/T 法测速能适用的转速范围明显大于前两种，是目前广泛应用的一种测速方法。

5. M/T 法数字测速软件流程

测速软件由捕捉中断服务子程序流程（图 5 – 15）和测速时间中断服务子程序流程（图 5 – 16）构成，转速调节中断服务子程序中进行到"测速允许"时，开放捕捉中断，但只有旋转编码器脉冲前沿到达时，进入捕捉中断服务子程序后，旋转编码器脉冲计数器 M_1 和高频时钟计数器 M_2 才真正开始计数，同时打开测速时间计数器 T_c，禁止捕捉中断，使之不再开放捕捉中断，旋转编码脉冲前沿再到达时停止计数。在这一组软件程序流程中，测速软件仅完成 M_1 和 M_2 计数，转速计算是在转速调节中断服务子程序中完成的。

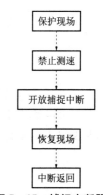

图 5 – 15　捕捉中断服务子程序流程

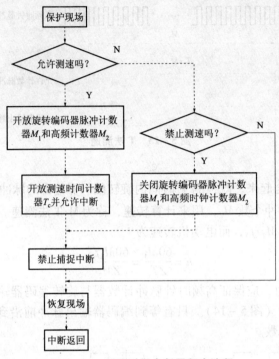

图 5 –16 测速时间中断子程序流程

任务二 数字滤波

在检测得到的转速信号中，不可避免地要混入一些干扰信号。采用模拟测速时，常用由硬件组成的滤波器（如 RC 滤波电路）来滤除干扰信号；在数字测速中，硬件电路只能对编码器输出脉冲起到整形、倍频的作用，往往用软件来实现数字滤波。数字滤波具有使用灵活、修改方便等优点，不但能代替硬件滤波器，还能实现硬件滤波器无法实现的功能。数字滤波可以用于测试滤波，也可以用于电压、电流检测信号的滤波。下面介绍几种常用的数字滤波方法。

1. 算术平均值滤波

设有 N 次采样值 X_1、X_2、$\cdots$、X_N，算术平均值滤波就是找到一个值 Y，使 Y 与各次采样值之差的平方和 $E = \sum_{i=1}^{N} (Y - X_i)^2$ 最小，令 $\mathrm{d}E/\mathrm{d}Y = 0$，得

$$Y = \frac{1}{N} \sum_{i=1}^{N} X_i \tag{5-4}$$

算术平均值滤波的优点是算法简单；缺点是需要较多的采样次数才能有明显的平滑效果。在一般的算术平均值滤波中，各次采样值是同等对待的。若主要重视当前的采样值，也附带考虑过去的采样值，可以采用加权算术平均值滤波，这时有

$$Y = \sum_{i=1}^{N} a_i X_i \tag{5-5}$$

其中：$a_1 + a_2 + \cdots + a_N = 1$，在一般情况下，$0 < a_1 \leqslant a_2 \leqslant \cdots \leqslant a_N$。

2. 中值滤波

将最近连续 3 次采样值排序，使得 $X_1 \leqslant X_2 \leqslant \cdots \leqslant X_3$，取这 3 个采样值的中值 X_2 为有效信号，舍去 X_1 和 X_3。这样的中值滤波能有效地滤除偶然型干扰脉冲（作用时间短、幅值大），若干扰信号作用时间相对较长（大于采样时间），则无能为力。

3. 中值平均滤波

设有 N 次采样值，排序后得 $X_1 \leqslant X_2 \leqslant \cdots \leqslant X_N$，去掉最大值 X_N 和最小值 X_1 剩下的取算术平均值，即为滤波后的 Y 值，即

$$Y = \frac{1}{N-2} \sum_{i=1}^{N} X_i \tag{5-6}$$

中值平均滤波和算术平均值滤波的结合，既能滤除偶然型干扰脉冲，又能平滑滤波，但程序较为复杂，运算量较大。

任务三　数字 PI

PI 调节器是自动化控制系统中最常用的一种控制器。在数字控制系统中，当采样频率足够高时，可以先按模拟系统的设计方法设计调节器，然后再离散化，就可以得到数字控制器的算法，这就是模拟调节器的数字化。

设系统的输入误差函数为 $e(t)$、输出函数为 $u(t)$，PI 调节器的传递函数为

$$W_{pi}(s) = \frac{u(s)}{e(s)} = K_{pi} \frac{\tau s + 1}{\tau s} \tag{5-7}$$

由式（5-7），$u(t)$ 与 $e(t)$ 的时域关系表达式为

$$u(t) = K_{pi} e(t) + \frac{1}{\tau} \int e(t) \mathrm{d}t = K_p + K_i \int e(t) \mathrm{d}t \tag{5-8}$$

式中　　$K_p = K_{pi}$——比例系数；

$K_i = \dfrac{1}{\tau}$——积分系数。

将式（5-8）离散化成差分方程，其第 k 拍输出为

$$u(t) = K_p e(t) + K_i T_{sam} \sum_{i=1}^{k} e(i) = K_p e(k) + u_i(k)$$
$$= K_p e(k) + K_i T_{max} e(k) + u_i(k-1) \tag{5-9}$$

式中　　T_{max}——采样周期，s。

式（5-9）为 PI 调节器位置式算法的差分方程，$u(k)$ 为第 k 拍的输出值。

由等号右侧可以看出，比例部分只与当前的偏差有关，而积分部分则是系统过去所有偏差的累积。

由式（5-9）可知，PI 调节器的第 $k-1$ 拍输出为

$$u(k-1) = K_p e(k-1) + K_i T_{sam} \sum_{i=1}^{k-1} e(i) \tag{5-10}$$

用式（5-9）减去式（5-10），可得

$$\Delta u(k) = u(k) - u(k-1) = K_p [e(k) - e(k-1)] + K_i T_{sam} e(k) \tag{5-11}$$

式（5-11）就是增量式 PI 调节器的算法。可以看出，增量式算法只需要当前和上一拍的偏差即可计算出输出的偏差量。PI 调节器的输出可由式（5-12）求得，即

$$u(k) = u(k-1) + \Delta u(k) \tag{5-12}$$

只要在计算机中多保存上一拍的输出值就可以了。

在控制系统中，为了安全起见，常须对调节器的输出实行限幅。在程序内要对输出 u 限幅。

增量式数字 PI 调节器的程序框图如图 5 – 17 所示。

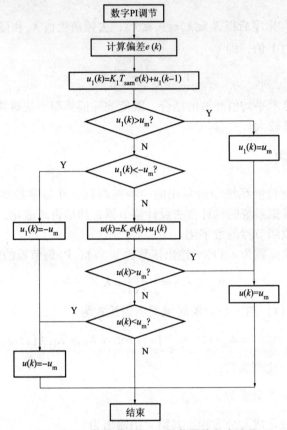

图 5 – 17　增量式数字 PI 调节器的程序流程

思考与练习

5 – 1　采用计算机控制的电力传动系统的优越性是什么？

5 – 2　怎样才能把连续的模拟信号转换为计算机能识别的数字信号？

5 – 3　如何确定采样信号的频率？

5 – 4　旋转编码器的数字测速方法有几种？各有什么特点？

5 – 5　数字滤波常用的方法有哪几种？

5 – 6　画出数字 PI 调节器的程序流程图。

第 二 篇

交 流 篇

模块六

交流调速系统

项目一　三相异步电动机调速调压系统

知识目标

了解交流调速的应用。

熟悉交流调速的类型。

理解交流调速的原理。

掌握交流调压控制系统。

能力目标

能够根据电动机等效电路分析不同电压下的机械特性。

能够应用闭环控制原理设计闭环交流调压控制系统。

任务一　交流调速系统的应用

直流电动机拖动和交流电动机拖动在19世纪中先后诞生。在20世纪的大部分年代里，约占整个电力拖动容量80%的不变速拖动系统都采用交流电动机，而只占20%的高控制性能可调速拖动系统采用直流电动机，这似乎已经成为一种举世公认的格局。交流调速系统的方案虽然早已有多种发明并得到实际应用，但其性能却始终无法与直流调速系统相匹敌。直到20世纪70年代初叶，席卷世界先进工业国家的石油危机，迫使人们投入大量人力和财力去研究高效高性能的交流调速系统，期望用它来节约能源。经过10年左右的努力，到了20世纪80年代大见成效，一直被认为是天经地义的交、直流拖动的分工格局被逐渐打破，高性能交流调速系统应用的比例逐年上升，已经在各工业部门中逐渐取代了直流拖动系统。

与此同时，在过去大量应用的所谓不变速拖动系统中，有相当一部分是风机、水泵等的拖动系统，这类负载约占工业电力拖动总量的一半。其中有些并不是真的不需要变速，只是过去交流电动机都不调速，因而不得不依赖挡板和阀门来调节流量，同时也消耗掉大量电功率。如果能够换成交流调速系统，则消耗在挡板阀门上的功率就可以节省下来，每台可节能20%以上，总起来的节能效果是很可观的。由于风机、水泵对调速性能要求不高，这类系统常称为低性能的节能调速系统，是交流调速系统的一个非常广阔的应用领域。

任务二　交流调速系统的类型

现有文献中介绍的异步电动机调速系统种类很多，常见的有：①降电压调速；②电磁转差离合器调速；③绕线转子异步电动机转子串电阻调速；④绕线转子异步电动机串级调速；⑤变极对数调速；⑥变频调速等。在开发交流调速系统的时候，人们从多方面进行探索，其种类繁多是很自然的。现在交流调速的发展已接近成熟，为了深入地掌握其基本原理，就不能满足于这种表面形式的罗列，而要进一步探讨其内在规律，从更高的角度上认识交流调速的本质。

按照交流异步电动机的基本原理，从定子传入转子的电磁功率 P_m 可分为两部分，一部分 $P_2 = (1-s)P_m$ 是拖动负载的有效功率，另一部分是转差功率 $P_s = sP_m$，与转差率 s 成正比。从能量转换的角度上看，转差功率是否增大，是消耗掉还是得到回收，显然是评价调速系统效率高低的一种标志。从这点出发，可以把异步电动机的调速系统分成以下三大类。

（1）转差功率消耗型调速系统。全部转差功率都转换成热能的形式而消耗掉。上述的第①、②、③这3种调速方法都属于这一类。在三大类之中，这类调速系统的效率最低，而且它是以增加转差功率的消耗来换取转速的降低（恒转矩负载时），越向下调速效率越低。可是这类系统结构最简单，所以还有一定的应用场合。

（2）转差功率回馈型调速系统。转差功率一部分消耗掉，大部分则通过变流装置回馈电网或者转化为机械能予以利用，转速越低时回收的功率也越多，上述第④种调速方法——串级调速属于这一类。这类调速系统的效率显然比第一类要高，但增设的交流装置总要多消耗一部分功率，因此还不及下一类。

（3）转差功率不变型调速系统。转差功率中转子铜损部分的消耗是不可避免的，但在这类系统中无论转速高低，转差功率的消耗基本不变，因此效率最高。上述的第⑤、⑥两种调速方法属于此类。其中变极对数只能有级调速，应用场合有限。只有变频调速应用最广，可以构成高动态性能的交流调速系统，取代直流调速，最有发展前途。

异步电动机变频调速得到很大发展后，同步电动机的变频调速也就提到日程上来了。无论是异步电动机还是同步电动机，变频的结果都是改变旋转磁场的转速，对两者的效果是一样的。同步电动机变频调速主要分为控变频调速和自控变频调速两种，后者又称无换向器电动机调速。

任务三　三相异步电动机调压调速的工作原理

当异步电动机电路参数不变时，在一定转速下，电动机的电磁转矩 T_e 与定子电压 U 的平方成正比。因此，改变定子外加电压就可以改变其机械特性的函数关系，从而改变电动机在一定输出转矩下的转速。

变流变压调速是一种比较简便的调速方法。过去主要是利用自耦变压器（小容量时）或饱和电抗器串在定子三相电路中调速。自耦变压器 TU 的调压原理是不言自明的。饱和电抗器 LS 是带有直流励磁绕组的交流电抗器，改变直流励磁电流可以控制铁心的饱和程度，从而改变交流电抗值。铁心饱和时，交流电抗很小，因而电动机定子所得电压高；铁心不饱和时，交流电抗变大，因而定子电压降低，实现降压调速。

　　自耦变压器和饱和电抗器的共同缺点是设备庞大笨重，自从电力电子技术发展起来后，它们就被晶闸管交流调压器取代了（图6－1）。采用3对反并联连接的晶闸管或3个双向晶闸管分别串接在三相交流电源电路中，再接到电动机定子绕组上，通过控制晶闸管的导通角，可以调节电动机的端电压，这就是晶闸管交流调压器。交流调压器与可控整流器一样都是利用相位控制，在工作原理上有其相似之处，只是在带交流电动机负载的波形分析、双向晶闸管的触发控制等方面具有特殊的问题。

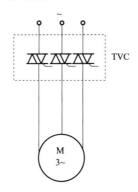

图6－1　利用晶闸管交流调压器变压调速

TVC—双向晶闸管交流调压器

　　根据电机学原理，在下述假定条件下：①忽略空间和时间谐波；②忽略磁饱和；③忽略铁损，异步电动机的稳态等效电路如图6－2所示。

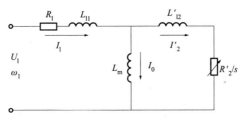

图6－2　异步电动机的稳态等效电路

图6－2中各参量的定义如下。

R_1、R'_2——定子每相电阻和折合到定子侧的转子每相电阻，Ω。

L_{l1}、L'_{l2}——定子每相漏感和折合到定子侧的转子每相漏感，H。

L_m——定子每相绕组产生气隙主磁通的等效电感，即励磁电感，H；

U_1、ω_1——电动机定子相电压和供电角频率，V 和 rad/s；

s——转差率。

由图6－2可以导出，有

$$I'_2 = \frac{U_1}{\sqrt{\left(R_1 + C_1\dfrac{R'_2}{s}\right)^2 + \omega^2\left(L_{l1} + C_1 L'_{l2}\right)^2}} \tag{6-1}$$

其中：

$$C_1 = 1 + \frac{R_1 + j\omega_1 L_{l1}}{j\omega_1 L_m} \approx 1 + \frac{L_{l1}}{L_m}$$

一般情况下，$L_m > > L_{l1}$，则 $C_1 \approx 1$，这相当于将上述假定条件的第③条改为忽略铁损和励磁电流。这样，电流公式可简化成

$$I_1 = I'_2 = \frac{U_1}{\sqrt{\left(R_1 + \dfrac{R'_2}{s}\right)^2 + \omega_1^2 (L_{l1} + L'_{l2})^2}} \tag{6-2}$$

令电磁功率为

$$P_m = 3(I'_2)_2^2 \frac{R'_2}{s}$$

同步机械角转速为

$$\Omega_1 = \frac{\omega_1}{n_p}$$

式中　n_p——极对数。

则异步电动机的电磁转矩为

$$T_e = \frac{P_m}{\Omega_1} = \frac{3n_p}{\omega_1} I'^2_2 \frac{R'_2}{s} = \frac{3n_p U_1^2 (\dfrac{R'_2}{s})}{\omega_1 \left[\left(R_1 + \dfrac{R'_2}{s}\right)^2 + \omega_1^2 (L_{l1} + L'_{l2})^2 \right]} \tag{6-3}$$

式（6-3）就是异步电动机的机械特性方程式。它表明，当转速或转差率一定时，电磁转矩与电压的平方成正比。这样，不同电压下的机械特性便如图6-3所示，图中 U_{sN} 表示额定电压。

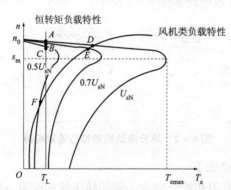

图 6-3　异步电动机在不同电压下的机械特性

将式（6-3）对 s 求导，并令 $dT_e/ds = 0$，可求出产生最大转矩时的转差率 s_m，即

$$s_m = \frac{R'_2}{\sqrt{R_1^2 + \omega_1^2 (L_{l1} + L'_{l2})^2}} \tag{6-4}$$

和最大转矩 T_{emax}，即

$$T_{emax} = \frac{3n_p U_1^2}{2\omega_1 \left[R_1 + \sqrt{R_1^2 + \omega_1^2 (L_{l1} + L'_{l2})^2} \right]} \tag{6-5}$$

由图6-3可见，带恒转矩负载 T_L 时，普通的笼形异步电动机变电压时的稳定工作点为

A、B、C，转差率的变化范围不会超过 $s = 0 \sim s_m$，调速范围很小。如果带风机类负载运行，则工作点为 D、E、F，调速范围可以大一些。为了能在恒转矩负载下扩大变压调速范围，须使电动机在较低速下稳定运行而又不致过热，就要求电动机转子绕组有较高的电阻值。图 6-4 给出了高转子电阻电动机变电压时的机械特性曲线，显然在恒转矩负载下的变压器调速范围增大了，而且在堵转力矩下工作也不致烧坏电动机，因此这种电动机又称为交流力矩电动机。

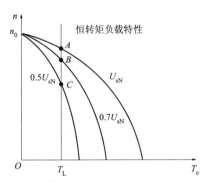

图 6-4　高转子电阻电动机在不同电压下的机械特性曲线

任务四　交流调压调速控制系统

闭环电动机变电压调速时，采用普通电动机的调速范围很窄，采用高转子电阻的力矩电动机时，调速范围虽然可以大一些，但机械特性变软，负载变化时的静差率又太大了（图 6-4）。开环控制很难解决这个矛盾。对于恒转矩性质的负载，调速范围要求在 $D = 2$ 以上时，往往采用带转速负反馈的闭环控制系统（图 6-5（a）），要求不高时也有用定子电压反馈控制的。

图 6-5（b）所示的是图 6-5（a）闭环调速系统的静特性。如果该系统带负载 T_L 在 A 点运行，当负载增大引起转速下降时，反馈控制作用能提高定子电压，从而在新的一条机械特性上找到工作点 A'。同理，当负载降低时，也会得到定子电压低一些的新工作点 A''。按照反馈控制规律，将工作点 A''、A、A' 连接起来便是闭环系统的静特性曲线。尽管异步电动机的开环机械特性和直流电动机的开环特性差别很大，但在不同开环机械特性上各取一相应的工作点，连接起来便得到闭环系统静特性这样的分析方法是完全一致的。虽然交流异步力矩电动机的机械特性很软，但由系统放大系数决定的闭环系统静特性却可以很硬。如果采用 PI 调节器，照样可以做到无静差。改变给定信号 U_n^*，则静特性平行地上下移动，达到调速的目的。

和直流变压调速系统不同的是：在额定电压 U_{1nom} 下的机械特性和最小输出电压 U_{1min} 下的机械特性是闭环系统静特性左右两边的极限，当负载变化达到两侧的极限时闭环系统便失去控制能力，回到开环机械特性工作。

根据图 6-5（a）所示的系统可以画出静态结构框图，如图 6-6 所示。图中 $K_3 = \dfrac{U}{U_{ct}}$ 为

晶闸管交流调压器和触发装置的放大系数；$\alpha = \dfrac{U_n}{n}$ 为转速反馈系数；ASR 采用 PI 调节器。

$n = f(U_1 \text{、} T_e)$ 是式（6-3）表达的异步电动机机械特性方程式，它是一个非线性函数。

稳态时，$U_n^* = U_n = \alpha n$，$T_e = T_L$，根据 U_n^* / α 和 T_L 可由式（6-3）计算或用机械特性图

解求出所需的 U_1 以及相应的 U_{ct}。

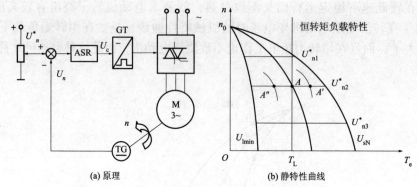

(a) 原理   (b) 静特性曲线

图6-5 带转速负反馈闭环控制的交流变压调速系统

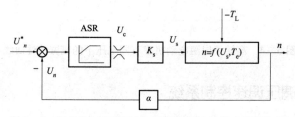

图6-6 异步电动机闭环变压调速系统的静态结构框图

项目二　绕线式三相异步电动机串级调速系统

知识目标

了解绕线式三相异步电动机转子结构。

熟悉异步电动机附加电动势时的工况。

理解串级调速原理。

掌握串级调速逆变电路。

能力目标

能够掌握转子附加电动势的方法。

能够分析串级调速的工作过程。

任务一　串级调速的工作原理

前面所讨论的交流电力拖动系统都是从电动机的定子侧引入控制变量以改变电动机的转速（如只改变定子供电电压、同时改变定子供电电压和频率等），这对于转子处于短路状态的交流笼形转子异步电动机是唯一可行的途径。对于这里讨论的对象——绕线转子异步电动机，由于其转子绕组能通过滑环与外部电气设备相连接，所以除了可在其定子侧控制电压、频率以外，还可在其转子侧引入控制变量以实现调速。异步电动机转子侧可调节的参数无非是电流、电动势、阻抗等。一般来说，稳态时转子电流是随负载大小而定的，并不能随意调节，而转子回路阻抗的调节属于耗能型调速法。所以，把注意力就集中到调节转子电动势这个物理量上来。

1. 异步电动机转子附加电动势时的工作

异步电动机运行时其转子相电动势为

$$E_2 = sE_{20} \tag{6-6}$$

式中　s——异步电动机的转差率；

　　　E_{20}——绕线转子异步电动机在转子不动时的相电动势，或称开路电动势、转子额定电压，V。

式（6-6）说明转子电动势 E_2 值与其转差率 s 成正比，$f_2 = sf_1$。当转子在正常接线时，转子相电流的方程式为

$$I_2 = \frac{sE_{20}}{\sqrt{R_2^2 + (sX_{20})^2}} \tag{6-7}$$

式中　R_2——转子绕组每相电阻，Ω；

　　　X_{20}——$s = 1$ 时转子绕组每相漏抗，Ω。

现在设想在转子回路引入一个可控的交流附加电动势 E_{add} 并与转子电动势 E_2 串联，E_{add} 应与 E_2 有相同的频率，但可与 E_2 同相或反相，如图6-7所示。因此转子电路就有下列电流方程式，即

$$I_2 = \frac{sE_{20} \pm E_{add}}{\sqrt{R_2^2 + (sX_{20})^2}} \tag{6-8}$$

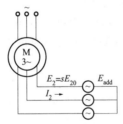

图6-7　绕线转子异步电动机在转子
附加电动势时的工作

当电力拖动的负载转矩 T_L 为恒定时，可认为转子电流 I_2 也为恒定。设在未串入附加电动势前，电动机原在 $s = s_1$ 的转差率下稳定运行。当加入反相的附加电动势后，由于负载转矩恒定，式（6-7）左边 I_2 恒定，因此电动机的转差率必须加大。这个过程也可描述为由于反相附加电动势 $-E_{add}$ 的引入瞬间，使转子回路总的电动势减少了，转子电流也随之减少，使电动机的电磁转矩也减少。由于负载转矩未变，所以电动机就减速，直至 $s = s_2$（$s_2 > s_1$）时，转子电流又恢复到原值，电动机进入新的稳定状态工作。此时应有关系式

$$\frac{s_2 E_{20} - E_{add}}{\sqrt{R_2^2 + (s_2 X_{20})^2}} = I_2 = \frac{s_1 E_{20}}{\sqrt{R_2^2 + (s_1 X_{20})^2}}$$

同理，加入同相附加电动势 $+E_{add}$ 可使电动机转速增加。所以，当向绕线转子异步电动机转子侧引入一可控的附加电动势时，即可对电动机实现转速调节。

2. 附加电动势的获得与电气串级调速系统

在电动机转子中引入附加电动势固然可以改变电动机的转速，但由于电动机转子回路感

应电动势 E_2 的频率随转差率而变化，所以附加电动势的频率也必须能随电动机转速而变化。这种调速方法就相当于一个在转子侧加入可变频、可变电压的调速方法。当然以上又是从原理上来分析，在工程上有各种实现方案。

实际系统中是把转子交流电动势整流成直流电动势，然后与一直流附加电动势进行比较，控制直流附加电动势的幅值，就可以调节电动机的转速。这样把交流可变频率的问题转化为与频率无关的直流问题，使得分析与控制都方便多了。显然，可以利用一整流装置把转子交流电动势整流成直流电动势，再利用晶闸管组成的可控整流装置来获得一个可调的直流电压作为转子回路的附加电动势。对这一直流附加电动势的技术要求如下：首先，它应该平滑可调，以满足对电机转速的平滑调节；其次，从功率传递的角度来看，希望能吸收从电动机转子侧传递过来的转差功率并加以利用，如把能量回馈电网，而不让它无谓地损耗掉，就可以大大提高调速的效率。根据上述两点，如果选用工作在逆变状态的晶闸管可控整流器作为产生附加直流电动势的电源是完全能满足上述要求的。

3. 异步电机双馈调速的 5 种工况

如上所述，在绕线转子异步电机转子侧引入一个可控的附加电动势并改变其数值，就可以实现对电动机转速的调节。这个调节过程必然在转子侧形成功率的传送，可以是把转子侧的转差功率传输到与之相连的交流电网或外电路中去，也可以是从外面吸收功率到电动机转子中来。从功率传送的角度看，可以认为是用控制异步电动机转子中转差功率的大小与流向来实现对电动机转速的调节。

考虑到电动机转子电动势与电流的频率在不同转速下有不同的数值（$f_2 = s f_1$），其值与交流电网的频率往往不一致，所以不能把电动机的转子直接与交流电网相连，而必须通过一个中间环节。或者说，恒压恒频（工频）的交流电网不能向电动机转子提供一个变频变压的附加电动势，需要通过一个中间变换环节来解决。这个中间环节除了有功率传递作用外，还应具有对不同频率的电功率进行变换的功能，故称为功率变换单元（Power Converter Unit，CU）。

忽略机械损耗和杂散损耗时，异步电动机在任何工况下的功率关系都可写为

$$P_{\mathrm{m}} = s P_{\mathrm{m}} + (1 - s) P_{\mathrm{m}} \qquad (6-9)$$

式中　P_{m}——从电机定子传入转子（或由转子传出给定子）的电磁功率，W；

　　　$s P_{\mathrm{m}}$——输入或输出转子电路的功率，即转差功率，W；

　　　$(1 - s) P_{\mathrm{m}}$——电机轴上输入或输出的功率，W。

由于转子侧串入附加电动势极性和大小的不同，s 和 P_{m} 都是可正可负，因而可以有以下 5 种不同的工作情况。

1）电动机在次同步转速下作电动运行

设异步电动机定子接交流电网，转子短路，且轴上带有反抗性的恒值额定负载（对应的转子电流为 $I_{2\mathrm{N}}$），此时电动机在固有机械特性上以额定转差率 s_{N} 运行。若在转子侧每相加以附加电动势 $-E_{\mathrm{add}}$，根据式（6-8），转子电流 I_2 将减少，从而使电动机减速，并进入新的稳态工作。此时，转子回路的电势平衡方程式为

$$I_{2\mathrm{N}} = \frac{s_1 E_{20} \pm E_{\mathrm{add}}}{\sqrt{R_2^2 + (s_1 X_{20})^2}} \qquad s_1 > s_{\mathrm{N}}$$

如果不断加大 $|-E_{\mathrm{add}}|$ 值，将使 s 值不断增大，实现了对电动机的调速。

由于轴上带有反抗性负载，电动机在 $T_e - n$ 坐标系的第一象限做电动运行，转差率为 $0 < s < 1$。对照式（6-9）可知，从定子侧输入功率，轴上输出机械功率，而转差功

率在扣除转子损耗后从转子侧送到电网，功率流程如图 6 - 8（a）所示。由于电动机在低于同步转速下工作，故称为次同步转速的电动运行。

2）电动机在反转时做倒拉制动运行

设异步电动机原在转子侧已接入一定数值 $-E_{add}$ 的情况下做低速电动运行，其轴上带有位能性恒转矩负载（这是进入倒拉制动运行的必要条件）。此时若继续增大 $-E_{add}$ 值，且使 $|-E_{add}| > E_{20}$，根据式（6 - 8）的平衡条件，可使 $s > 1$，则电动机将反转。这表明在反相附加电动势与位能负载外力的作用下，可以使电动机进入倒拉制动运行状态（在 $T_e - n$ 坐标系的第四象限）。$|-E_{add}|$ 值越大，电动机的反向转速越高。由于 $s > 1$，故式（6 - 9）可改写作 $P_m + |1 - s| P_m = sP_m$。此时由电网输入电动机定子的功率和由负载输入电机轴的功率两部分合成转差功率，并从转子侧馈送给电网，见图 6 - 8（b）。

3）电动机在超同步转速下做回馈制动运行

进入这种运行状态的必要条件是有位能性机械外力作用在电动机轴上，并使电动机能在超过其同步转速 n_1 的情况下运行。典型的工况为电动机拖动车辆下坡的运动，车辆上坡时由电动机拖动做电动运行，下坡时，如车辆重量形成的坡向分力能克服各种摩擦阻力而使车辆下滑，为了防止下坡速度过高，被车辆拖动的电动机便需要产生制动转矩以限制车辆的速度。此时电动机的运转方向和上坡时一样，但运行状态却变成回馈制动，转速超过其同步转速 n_1，转差率 $s < 0$，定子电流 I_1、转子电流 I_2 和转子电动势 sE_{20} 的相位都与电动运行时相反。若处于发电状态运行的电动机转子回路再串入一个与 sE_{20} 反相的附加电动势 $+E_{add}$，根据式（6 - 8），电动机将在比未串入 $+E_{add}$ 时的转速更高的状态下做回馈制动运行。由于电动机处在发电状态工作，电动机功率由负载通过电机轴输入，经过机电能量变换分别从电机定子侧与转子侧馈送至电网。这一结果也可从式（6 - 9）得到，此时式（6 - 9）可改写成 $|P_m| + |sP_m| = |(1 - s)P_m|$（式中 P_m 与 s 本身都为负值）。超同步转速回馈制动状态的功率流程如图 6 - 8（c）所示。

4）电动机在超同步转速下做电动运行

设电动机原已在固有特性的 $0 < s < 1$ 之间做电动运行，轴上拖动恒转矩的反抗性负载，若在转子侧加入 $+E_{add}$，则从式（6 - 8）可知，电动机将加速到 $s < 0$ 的新的稳态下工作，即电动机在超过其同步转速下稳定运行。必须指出，此时电动机转速虽然超过了其同步转速，但它仍拖动着负载做电动运转，因此电动机轴上可以输出比其铭牌所示额定功率还要高的功率。这一功率的获得可以从式（6 - 9）看出，把式（6 - 9）改写成 $P_m - sP_m = (1 - s)P_m$（式中 s 本身为负值），此式表明，电动机轴上的输出功率是由定子侧与转子侧两部分输入功率合成的，电动机处于定子、转子双输入状态，其功率流程如图 6 - 8（d）所示。绕线异步电动机在转子中串入附加电动势后可以在超同步转速下做电动运行，并可使输出超过其额定功率，这一特殊工况正是由定子、转子双回馈的条件形成的。

5）电动机在次同步转速下做回馈制动运行

为了提高生产率，很多工作机械希望其电力拖动装置能缩短减速和停车时间，因此必须使运行在低于同步转速电动状态的电动机切换到制动状态下工作。那么，异步电动机在转子附加电动势后能否满足这一要求呢？设电动机原在低于同步转速下做电动运行，其转子侧已加入一定的 $-E_{add}$（注意在电动状态工作时，$|-E_{add}| < sE_{20}$）。现若增大 $|-E_{add}|$ 值，并使 $|-E_{add}|$ 大于此时的 sE_{20}，由式（6 - 8）可知，I_2 变为负值，电动机进入制动状态，即在 $0 < s < 1$ 范围内的第二象限工作。在这个象限内，电动机不可能稳定运行，而是在制动转矩

作用下不断减速。因此，必须随电动机转差率的增大而相应地增大 $|-E_\text{add}|$ 值，以维持所需的制动转矩。

必须说明，I_2 变为负值，在电动机相量图上表现为 $\dot{I}_2$ 反相，但不一定反 180°。从图 6－9 所示的电动机相量图可知，相应的 $\dot{I}_1$ 相量的相位也变了，从而使相量 $\dot{U}_1$ 与 $\dot{I}_1$ 的夹角 $\varphi_1 >$ 90°。三相异步电动机输入功率为 $P_1 = 3U_1 I_1 \cos\varphi_s$。当 $\varphi_1 > 90°$ 时，P_1 变负，说明是由电动机定子侧输出给电网，电动机成为发电机处于回馈制动状态，并产生制动转矩以加快减速停车过程。回馈电网的功率一部分由负载的机械功率转换而成，不足部分则由转子提供。由式（6－9）可知，电动机的功率关系为 $|P_m| = |(1-s)P_m| + s|P_m|$，此时转子从电网获取转差功率 $s|P_m|$，功率流程图如图 6－8（e）所示。

以上 5 种工况都是异步电动机转子加入附加电动势时的运行状态。在工况如图 6－8（a）～图 6－8（c）中，转子侧都输出功率，可把转子的交流电功率先变换成直流，然后再变换成与电网具有相同电压与频率的交流电功率。此时，功率变换单元 CU 的组成如图 6－9（a）所示，其中 CU_1 是整流器，CU_2 是有源逆变器。对于工况如图 6－8（d）图 6－8（e），电动机转子要从电网吸收功率，可用一台变频器与转子相连，其结构与图 6－9（a）相似，只是 CU_2 工作在可控整流状态，CU_1 工作在逆变状态。

顺便指出，在工况如图 6－8（b）中，由于电动机输出的转差功率 sP_m 较大，要求功率单元的装置功率也较大，增加了初始投资，所以这种倒拉制动方法很少应用。对于工况如图 6－8（c），由于机械负载的特殊性，而且在这种工况下一般不会出现转速往高调的要求，所以这种调速方法的应用场合也不多。至于工况如图 6－8（d）能否实现，主要视拖动电机的超速能力而定。

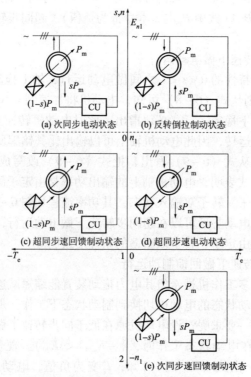

图 6－8　异步电动机在转子附加电动势时的工况及其功率流程

任务二 串级调速的控制系统

1. 串级调速系统

图 6-9 所示为根据前面的讨论而组成的一种异步电动机电气串级调速系统原理图。图中异步电动机 M 以转差率 s 在运行，其转子电动势 sE_{20} 经三相不可控整流装置 UR 整流，输出直流电压 U_d。工作在逆变状态的三相可控整流装置 UI 除提供一可调的直流输出电压 U_i 作为调速所需的附加电动势外，还可将经 UR 整流后输出的电动机转差功率逆变器回馈到交流电网。图中 TI 为逆变变压器，其功能将在后面讨论。L 为平波电抗器。两个整流装置的电压 U_d 与 U_i 的极性以及电流 I_d 的方向如图 6-9 所标。为此可在整流的转子直流回路中写出以下的电动势平衡方程式：

$$U_d = U_i + I_d R$$

或

$$K_1 sE_{20} = K_2 U_{2T} \cos\beta + I_d R \tag{6-10}$$

式中 K_1，K_2——UR 与 UI 两个整流装置的电压整流系数，如果它们都采用三相桥式连接，则 $K_1 = K_2 = 2.34$；

$\quad\quad U_i$——逆变器输出电压，V；

$\quad\quad U_{2T}$——逆变器的次级相电压，V；

$\quad\quad \beta$——晶闸管逆变角；

$\quad\quad R$——转子直流回路的电阻，Ω。

式（6-10）是在未计及电动机转子绕组与逆变变压器的漏抗作用影响而写出的简化公式。从式中可以看出，U_d 是反映电动机转差率的量；I_d 与转子交流电流 I_2 间有固定的比例关系，所以它可以近似地反映电动机电磁转矩的大小。控制晶闸管逆变角 β 可以调节逆变电压 U_i。

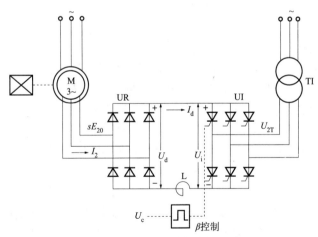

图 6-9 电气串级调速系统原理

下面分析它的工作。当电动机拖动恒转矩负载在稳态运行时，可以近似认为 I_d 为恒值。控制 β 使它增大，则逆变电压 U_i（相当于附加电动势）立即减小；但电动机转速因存在着机械惯性尚未变化，所以 U_d 仍维持原值，根据式（6-10）使转子直流回路电流 I_d 增大，相应转子电流 I_2 也增大，电动机就加速；在加速过程中转子整流电压随之减小，又使电流 I_d 减

小，直至 U_d 与 U_i 依式（6-10）取得新的平衡，电动机进入新的稳定状态并以较高的转速运行。同理，减小 β 值可以使电动机在较低的转速下运行。以上就是以电力电子器件组成的绕线转子异步电动机电气串级调速系统的工作原理。在图6-9中，除拖动电动机外，其余的装置都是静止型的器件，所以也称为静止型电气串级调速系统（静止 Scherbius 系统）。从这些装置的连接可以看出，它们构成了一个交—直—交变频器，但由于逆变器通过逆变变压器与交流电网相连，它输出的频率是固定的，所以实际上是一个有源逆变器。从这一点来说，这种调速系统可以看作是电动机定子在恒压恒频供电下的转子变频调速系统。这种串级调速系统由于 β 值可平滑连续调节，使得电动机转速也能被平滑连续地调节。另外，电动机的转差功率能通过转子整流器变换为直流功率，再通过逆变器变换为交流功率而回馈到交流电网。

2. 串级调速系统的其他类型

图6-9所示的电气串级调速系统是近代随着功率半导体器件的发展而形成的。除了用三相桥式电路组成逆变器外，在中、小功率串级调速系统中，为了降低成本、简化电路，还可采用三相零式逆变电路，并采用进线电抗器以省去逆变变压器。

早期的电气串级调速系统是通过一个旋转变流机组将异步电动机的转差功率整流后输出给直流电动机，后者拖动一台交流异步电机功率会送到电网。由于系统相当复杂，附加的旋转电动机也多，所以在工业应用中难以推广。

除电气串级调速系统以外，还有机械串级调速系统（或称 Kramer 系统）。拖动用异步电动机与一直流电动机同轴连接，共同作为负载的拖动电动机。交流绕线转子异步电动机的转差功率经整流器变换后输出给直流电动机，后者把这部分电功率转变为机械功率回馈到负载轴上。这样就相当于在负载上增加了一个拖动转矩，从而很好地利用了转差率。只要改变直流电动机的励磁电流 i_f 就可以调节交流电动机的转速。在稳定运行时，直流电动机的电动势 E 与转子整流电压 U_d 相平衡，如增大 i_f，则 E 相应增大，使直流回路电流 I_d 降低，电动机开始减速，直到新的平衡状态，在较大的转差率下稳定运行。同理，如减小 i_f，则可使电动机在较高转速下运行。

对于机械串级调速系统，从功率传递的角度看，如果忽略系统中所有的电气与机械损耗，异步电动机的转差功率可全部为直流电动机所接受，并以机械功率 P_{MD} 形式从轴上输出给负载，$P_{MD} = sP_1$。而异步电动机在轴上输出的机械功率为 $P_{mech} = P_1(1-s)$。负载上得到的功率 P_L 应是这两者之和，其中 P_1 为电网输给交流异步电动机的功率，即

$$P_L = P_{mech} + P_{MD} = P_1(1-s) + sP_1 = P_1$$

可见，负载轴上所得到的功率恒为 P_1 而与电动机的转速无关。所以这种机械串级调速系统属于恒功率调速系统，而前述的电气调速系统则为恒转矩调速系统，因为输出的机械功率与转速成正比。

这种机械调速系统需附加一台直流电动机，且直流电动机的功率随调速范围的扩大也相应增大，由于这个缺点目前较少被采用。

3. 串级调速机械特性

在转子回路串电阻调速时绕线转子异步电动机的理想空载转速就是同步转速，且恒定不变。在串级调速系统中，由于电动机的旋转磁场转速不变，所以其同步转速也恒定。但是它的理想空载转速却是可以调节的。由式（6-10）可以写出系统在理想空载运行时的转子直流回路电动势平衡方程式，即

$$s_0 E_{20} = U_{2T}\cos\beta$$

$$s_0 = \frac{U_{2T}\cos\beta}{E_{20}} \tag{6-11}$$

式中 s_0——理想空载转差率。

从式（6-11）可知，改变 β 角时，s_0 也相应改变，β 越大，s_0 越小，即电动机的理想空载转速越高。一般逆变角的调节范围为 $30° \sim 90°$，其下限 $30°$ 是为防止逆变颠覆的最小逆变角 $\beta_{\min}$，也可根据系统的电气参数计算设定。β 角的调节范围对应了电动机的调速上、下限。由式（6-11）可以看出，在不同的 β 角下，异步电动机串级调速的 $T-s$ 曲线是近似平行的，类似于直流电动机调压调速的机械特性曲线。

在串级调速工作时，异步电动机转子绕组虽不串接电阻，但由于在转子回路中接入了两套整流装置、平波电抗器、逆变变压器等（这些部件统称为串级调速装置），再计及电路电阻后，实际上相当于在转子回路中接入了一定数值的等效电阻和电抗。它们的影响在任何转速下都存在，即使电动机在最高转速运行时其机械特性要比电动机的固有特性软，使电动机在额定负载时难以达到其额定转速。由于转子回路电抗的影响，再计及转子回路接入整流器后，转子绕组漏抗所引起的换流重叠角使转子电流产生畸变，电动机在串级调速时所能产生的最大转矩将比电动机固有特性的最大转矩有明显的减少。图 6-10 给出了相应的机械特性曲线。

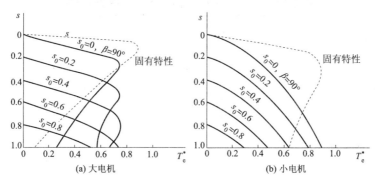

图 6-10 异步电动机串级调速时的机械特性曲线

思考与练习

6-1 交流电动机的调速方法有几种类型？

6-2 对于恒转矩负载，调压调速的主要问题是什么？

6-3 简述串级调速适用于什么类型的电动机，试简述其工作原理。

模块七

变频调速系统

项目一　变频器的基本组成

知识目标

了解变频的主要类型。

熟悉变频电路的构成。

理解逆变原理。

掌握交—交变频原理。

能力目标

能够识别滤波电路。

能够阐述交—直—交变频逆变过程。

任务一　电力电子变频器的主要类型

从构成系统的硬件上看，变频调速系统是由交流变频电源和交流电动机构成。

由于交流调速系统应用广泛，已开发出多种交流变频电源。变频电源（或称变频器）就是把来自于供电系统的恒压恒频（Constant Voltage Constant Frequency, CVCF）交流电或是直流电（一般为电压源）转换为电压幅值和频率可变（Variable Voltage Variable Frequency, VVVF），或电流幅值和频率可变（Variable Current Variable Frequency, VCVF）的电力电子变换装置。最早的 VVVF 装置是旋转变流机组，现在几乎无例外地让位给应用电力电子技术的静止式变频装置。

从结构上看，静止变频装置可分为间接变频和直接变频两类。间接变频装置先将工频交流电源通过整流器变成直流，然后再经过逆变器将直流变换为可控频率的交流，因此又称为有中间直流环节的变频装置。直接变频装置则将工频交流一次变换成可控频率的交流，没有中间直流环节。目前应用较多的还是间接变频装置。

1. 交—直—交变压变频器

交—直—交变压变频器先将工频交流电源通过整流器变换成直流，再通过逆变器变换成可控频率和电压的交流，如图 7 – 1 所示。由于这类变压变频器在恒频交流电源和变频交流输出之间有一个"中间直流环节"，所以又称其为间接式的变压变频器。

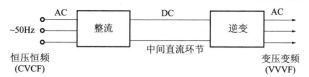

图 7 – 1　交—直—交（间接）变压变频器

具体的整流和逆变电路种类很多，当前应用最广的是由二极管组成不控整流器和由全控型功率开关器件（P – MOSFET、IGBT 等）组成的脉宽调制（PWM）逆变器，简称 PWM 变压变频器，如图 7 – 2 所示，图中 C 为滤波电容。

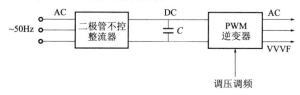

图 7 – 2　PWM 变压变频器

PWM 变压变频器的应用之所以如此广泛，是由于它具有以下一系列优点。

（1）在主电路整流和逆变两个单元中，只有逆变单元是可控的，通过它同时调节电压和频率，结构十分简单。采用全控型的功率开关器件，通过驱动电压脉冲进行控制，驱动电路简单、效率高。

（2）输出电压波形虽是一系列 PWM 波，但由于采用了恰当的 PWM 控制技术，正弦基波的比例较大，影响电动机运行的低次谐波受到很大的抑制，因而转矩脉动小，提高了系统的调速范围和稳态性能。

（3）逆变器同时实现调压和调频，系统的动态响应不受中间直流环节滤波器参数的影响，使动态性能得以提高。

（4）采用不可控的二极管整流管，电源侧功率因数较高，且不受逆变器输出电压大小的影响。

PWM 变压变频器常用的全控型功率开关器件有 P – MOSFET（小容量）、IGBT（中、小容量）、GTO（大、中容量）和替代 GTO 的电压控制器件，如 IGBT、IGET 等。受到开关器件额定电压和电流的限制，对于特大容量电动机的变压变频调速仍只好采用半控型的晶闸管（SCR），即用可控整流器调压、六拍逆变器调频的交—直—交变压变频器，如图 7 – 3 所示。

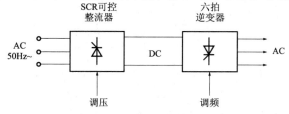

图 7 – 3　用可控整流器调压、六拍逆变器调频的交—直—交变压变频器

2. 交—交变压变频器

交—交变压变频器的结构如图 7 - 4 所示，它只有一个变换环节，把 CVCF 的交流电源直接变换成 VVVF 输出，因此又称其为直接式变压变频器。有时为了突出其变频功能，也称为周波变换器。

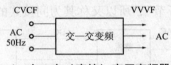

图 7 - 4 交—交（直接）变压变频器

常用的交—交变频器输出的每一相都是一个由正、反两组晶闸管可控整流装置反并联的可逆电路。正、反两组按一定周期相互切换，在负载上就获得交变的输出电压 u_0，u_0 的幅值决定于各组可控整流装置的控制角 α，u_0 的频率决定于正、反两组整流装置的切换频率。如果控制角 α 一直不变，则输出平均电压是方波，如图 7 - 5（b）所示。要获得正弦波输出，就必须在每一组整流装置导通期间不断改变其控制角。例如，在正向组导通的半个周期中，使控制角 α 由 $\pi/2$（对应于平均电压 $u_0 = 0$）逐渐减小到 0（对应于 u_0 最大），然后再逐渐增加到 $\pi/2$（u_0 再变为 0），如图 7 - 6 所示。当 α 角按正弦规律变化时，半周中的平均输出电压即为图中虚线所示的正弦波。对反向组负半周的控制也是这样的。

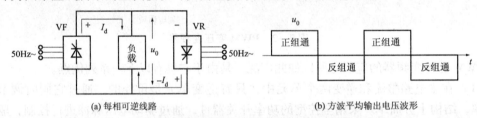

(a) 每相可逆线路　　　　　　　　(b) 方波平均输出电压波形

图 7 - 5 交—交变压变频器每一相的可逆线路及方波输出电压波形

如果每组可控整流装置都用桥式电路，含 6 个晶闸管（当每一桥臂都是单管时），则三相可逆电路共需 36 个晶闸管，即使采用零式电路也需 18 个晶闸管。因此，这样的交—交变压变频器虽然在结构上只有一个变换环节，省去了中间直流环节，看似简单，但所用的器件数量却很多，总体设备相当庞大。不过这些设备都是直流调速系统中常用的可逆整流装置，在技术上和制造工艺上都很成熟，目前国内有些企业已有可靠的产品。

这类交—交变频器的其他缺点是输入功率因数较低、谐波电流含量大、频谱复杂，因此须配置滤波和无功补偿设备。其最高输出频率不超过电网频率的 1/2，一般主要用于轧机主传动、球磨机、水泥回转窑等大容量、低转速的调速系统，供电给低速电动机直接传动时，可以省去庞大的齿轮减速箱。

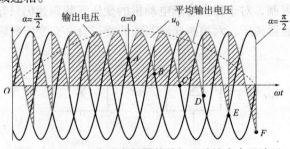

图 7 - 6 交—交变压变频器的单相正弦输出电压波形

任务二 滤波电路

交流电经过整流后，转换成直流电，但此时的直流电有很多交流成分，因此需要经过滤波，电解电容（图7-2）就起了滤波作用。实际使用的变频器的电容上会并联小容量的电容，主要是为了吸收短时间的干扰电压。

由于变频器都要采用滤波器件，滤波器件都有储能作用，以电容滤波为例，当主电路断电后，电容器上还储存有电能，因此即使主电路断电，人体也不能立即触碰变频器的导体部分，以免触电。一般变频器上设置了指示灯，这个指示灯就是指示变频器是否通电的。

任务三 逆变电路

在交—直—交变压变频器中，按照中间直流环节的直流电源性质的不同，逆变器可以分成电压源型和电流源型两类，两种类型的实际区别在于直流环节采用怎样的滤波器。图7-7所示为电压源型和电流源型逆变器的示意图。

在图7-7（a）中，直流环节采用大电容滤波，因而直流电压波形比较平直，在理想情况下是一个内阻为零的恒压源，输出交流电压是矩形波或阶梯波，是电压源型逆变器（Voltage Source Inverter，VSI），有时简称为电压型逆变器。

在图7-7（b）中，直流环节采用大电感滤波，直流电流波形比较平直，相当于一个恒流源，输出交流电流是矩形波或阶梯波，称为电流源型逆变器（Current Source Inverter，CSI），或简称电流型逆变器。

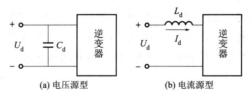

(a) 电压源型　　　　　　　(b) 电流源型

图7-7　电压源型和电流源型逆变器示意图

两类逆变器在主电路上虽然只是滤波环节不同，在性能上却带来了明显的差异，主要表现在以下几个方面。

（1）无功能量的缓冲。在调速系统中，逆变器的负载是异步电动机，属感性负载。在中间直流环节与负载电动机之间，除了有功功率的传送外，还存在无功功率的交换。滤波器除滤波外还起着对无功功率的缓冲作用，使它不致影响到交流电网。因此也可以说，两类逆变器的区别还表现在采用什么储能元件（电容器或电感器）来缓冲无功能量。

（2）能量的回馈。用电流源型逆变器给异步电动机供电的电流源型变压变频调速系统有一个显著的特征，就是容易实现能量的回馈，从而便于四象限运行，适用于需要回馈制动和经常正/反转的生产机械。下面以晶闸管可控整流器 UCR 和电流源串联二极管式晶闸管逆变器 CSI 构成的交—直—交变压变频系统（图7-8）为例，说明电动运行和回馈制动两种状态。当电动运行时，UCR 的控制角 $\alpha < 90°$，工作在整流状态，直流回路电压 U_d 的极性为上正下负，电流 I_d 由正端流入逆变器 CSI，CSI 工作在逆变状态，输出电压的频率 $\omega_1 > \omega$，电动机以转速 ω 运行，电功率 P 的传送方向如图7-8（a）所示。如果降低变压变频器的输出频率 ω_1，或从机械上抬高电动机转速 ω，使 $\omega_1 < \omega$，同时使 UCR 的控制角 $\alpha > 90°$，则异步电机转入发电状态，逆变器转入整流状态，而可控整流器转入有源逆变状态。此时直流电压 U_d 立即反向，而电流 I_d 方向不变，电能由电动机回馈给交流电网，见图 7-8（b）。

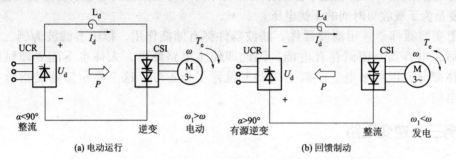

图 7-8 电流源型交—直—交变压变频调速系统的两种运行状态

图中，UCR—可控整流器；CSI—电流源型逆变器。

与此相反，采用电压型的交—直—交变压变频调速系统要实现回馈制动和四象限运行却很困难。因为其中间直流环节有大电容钳制着电压的极性，不可能迅速反向，而电流受到器件单向导电性的制约也不能反向，所以在原装置无法实现回馈制动。必须制动时，只得在直流环节中并联电阻实现能耗制动，或者与 UCR 反并联一组反向的可控整流器，用以通过反向的制动电流，而保持电压极性不变，实现回馈制动。这样设备要复杂得多。

（3）动态响应。正由于交—直—交电流源型变压变频调速系统的直流电压极性可以迅速改变，所以动态响应比较快，而电压源型的系统则要差一些。

（4）应用场合。电压源型逆变器属恒压源，电压控制响应慢，不易波动，适于做多台电动机同步运行时的供电电源，或单台电动机调速但不要求快速起动、制动和快速减速的场合。采用电流源型逆变器的系统则相反，不适用于多电动机传动，但可以满足快速制动和可逆运行的要求。

项目二 变频调速的基本原理

知识目标

了解矢量控制方式。

熟悉逆变控制电路。

理解变频的原理。

掌握恒转矩与恒功率调速特性。

能力目标

能够认识 V/F 控制的由来。

能够绘制变压变频控制特性。

任务一　V/F 控制

在电动机调速时，一个重要的因素是希望保持每极磁通量 Φ_m 为额定值不变。磁通太弱，没有充分利用电机的铁心，是一种浪费；若要增大磁通，又会使铁心饱和，从而导致过大的励磁电流，严重时会因绕组过热而损坏电动机。对于直流电动机，励磁系统是独立的，只要对电枢反应的补偿合适，保持 Φ_m 不变是很容易做到的。在交流异步电动机中，磁通是定子和转子磁势合成产生的，怎样才能保持磁通恒定呢？

众所周知，三相异步电动机定子每相电动势的有效值是

$$E_g = 4.44 f_1 N_1 k_{N1} \Phi_m \tag{7-1}$$

式中　E_g——气隙磁通在定子每相中感应电动势有效值，V；

　　　f_1——定子频率，Hz；

　　　N_1——定子每相绕组串联匝数；

　　　k_{N1}——基波绕组系数；

　　　Φ_m——每极气隙磁通量，Wb。

由式（7-1）可知，只要控制好 E_g 和 f_1，便可达到控制磁通 Φ_m 的目的。对此，需要考虑基频（额定频率）以下和基频以上两种情况。

1. 基频以下调速

由式（7-1）可知，要保持 Φ_m 不变，当频率 f_1 从额定值 f_{1N} 向下调节时，必须同时降低 E_g，使

$$\frac{E_g}{f_1} = 常值 \tag{7-2}$$

即采用恒定的电动势频率比的控制方式。

然而，绕组中的感应电动势是难以直接控制的。当电动势较高时，可以忽略定子绕组的漏磁阻抗压降，而认为定子相电压 $U_1 \approx E_g$，则得

$$\frac{U_1}{f_1} = 常值 \tag{7-3}$$

这是恒压频比方式。

低频时，U_1 和 E_g 都较小，定子阻抗压降所占的分量就比较显著，不能再忽略。这时，可以人为地把电压 U_1 抬高一些，以便近似地补偿定子压降。带定子压降补偿的恒压频比控制特性示于图 7-9 中的 b 线，无补偿的控制特性则为 a 线。

2. 基频以上调速

在基频以上调速时，频率可以从 f_{1N} 往上增高，但电压 U_1 却不能增加得比额定电压 U_{1N} 还要大，最多只能保持

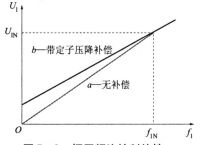

图 7-9　恒压频比控制特性

$U_1 = U_{1N}$，由式（7-1）可知，这将迫使磁通与频率成反比地降低，相当于直流电机弱磁升速的情况。

把基频以下和基频以上两种情况合起来，可得图 7-10 所示的异步电动机变频调速控制特性。如果电动机在不同转速下具有额定电流，则电动机都能在温升允许条件下长期运行，这时转矩基本上随着磁通变化，按照电力拖动原理，在基频以下，属于"恒转矩调速"的

性质，而在基频以上，属于"恒功率调速"。

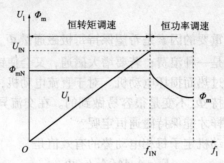

图 7 – 10　异步电动机变压变频调速的控制特性

任务二　矢量控制

在工程上能够允许的一些假定条件下，由晶闸管整流装置供电的直流电动机调速系统可以描述成单变量的 3 阶线性系统，能够采用经典的线性控制理论和由它发展出来的工程设计方法进行分析与设计。交流异步电动机则是一个高阶、非线性、强耦合的多变量系统，在本任务之前所讨论的转速开环和转速闭环的变频调速系统中，都是在忽略非线性、忽略多变量耦合的很强的假定条件下，求出近似线性单变量动态结构图以后，才能沿用直流调速系统的分析和设计方法。这样做出来的结果当然不会很准确，难以获得和直流双闭环调速系统一样的高动态性能。

1. 异步电动机的坐标变换结构图和等效直流电机模型

以产生同样的旋转磁动势为准则，在三相坐标系下的定子电流 i_A、i_B、i_C，通过三相/二相变换，可以等效成两相静止坐标系下的交流电流 $i_{\alpha1}$、$i_{\beta1}$；再通过按转子磁场定向的旋转变换，可以等效成同步旋转坐标系下的直流电流 i_{m1}、i_{t1}。如果观察者站到铁心上与坐标系一起旋转，他所看到的便是一台直流电动机，原交流电机的转子总磁通 Φ_2 就是等效直流电动机的磁通，M 绕组相当于直流电动机的励磁绕组，i_{m1} 相当于励磁电流，T 绕组相当于伪静止的电枢绕组，i_{t1} 相当于与转矩成正比的电枢电流。

把上述等效关系用结构图的形式画出来，便得到图 7 – 11。从整体上看，A、B、C 三相输入，转速 ω 输出，是一台异步电动机。从内部看，经过三相/二相变换和同步旋转变换，变成一台由 i_{m1}、i_{t1} 输入、ω 输出的直流电动机。

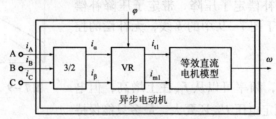

图 7 – 11　异步电动机的坐标变换结构

3/2—三相/两相变换；VR—同步旋转变换；

φ—M 轴与 α 轴（A 轴）的夹角

2. 矢量控制系统的构想

既然异步电动机经过坐标变换可以等效成直流电动机，那么模仿直流电动机的控制方法，求得直流电动机的控制量，经过相应的坐标反变换，就能够控制异步电动机了。由于进行坐标变换的是电流（代表磁动势）的空间矢量，所以这样通过坐标变换实现的控制系统就叫做矢量变换控制系统（Transvector Control System），或称矢量控制系统（Vector Control System），所设想的结构如图 7-12 所示。图中给定和反馈信号经过类似于直流调整系统所用的控制器，产生励磁电流的给定信号 i_{m1}^* 和电枢电流的给定信号 i_{t1}^*，经过反旋转变换 VR^{-1} 得到 $i_{\alpha1}^*$、$i_{\beta1}^*$，再经过二相/三相变换得到 i_A^*、i_B^*、i_C^*。把这 3 个电流控制信号和由控制器直接得到的频率控制信号 ω_1 加到带电流控制的变频器上，就可以输出异步电动机调速所需的三相变频电流。

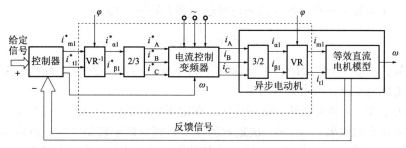

图 7-12　矢量控制系统原理结构

在设计矢量控制系统时，可以认为，在控制器后面引入的反旋转变换器 VR^{-1} 与电动机内部的旋转变换环节 VR 抵消，2/3 变换器与电动机内部的 3/2 变换环节抵消，如果再忽略变频器可能产生的滞后，则图 7-12 中虚线框内的部分可以完全删去，剩下的部分就和直流调速系统非常相似了。可以想象，矢量控制交流变频调速系统的静、动态性能应该完全能够与直流调速系统媲美。

当然，要实现上述构想并不是完全没有问题的。首先，电流控制和频率控制在动态如何协调？这个问题在直流调速系统中并不存在，而在交流变频调速系统中则必须解决。其次，直流电动机中磁通始终恒定，而在矢量控制的变频调速系统中这一点如何保证？总之，矢量控制系统应能从本质上解决转差频率控制系统中存在的多数问题，下面就来研究如何解决这个问题。

3. 磁链开环、转差矢量控制的交—直—交电流源变频调速系统

根据异步电动机的数学模型和矢量控制的原理可以得到

$$i_{m2} = -\frac{p\psi_2}{R_2} \tag{7-4}$$

$$i_{m1} = \frac{T_2 p + 1}{L_m}\psi_2 \tag{7-5}$$

或

$$\psi_2 = \frac{L_m}{T_2 p + 1}i_{m1} \tag{7-6}$$

式中　$T_2 = \dfrac{L_r}{R_2}$——转子励磁时间常数。

式（7-6）表明，转子磁链 ψ_2 仅由 i_{m1} 产生，和 i_{t1} 无关，因而 i_{m1} 被称为定子电流的励磁分

量。该式还表明，ψ_2 与 i_{m1} 之间的传递函数是一阶惯性环节（p 相当于拉普拉斯变换变量 s），其含义是：当励磁分量 i_{m1} 突变时，ψ_2 的变化要受到励磁惯性的阻挠，这和直流励磁绕组的惯性作用是一致的。再考虑式（7-4），更能看清楚励磁过程的物理意义。当定子电流励磁分量 i_{m1} 突变而引起 ψ_2 变化时，当即在转子中感生转子电流励磁分量 i_{m2}，阻止 ψ_2 的变化，使 ψ_2 只能按时间常数 T_2 的指数规律变化。当 ψ_2 达到稳态时，$p\psi_2 = 0$，因而 $i_{m2} = 0$，$\psi_{2\infty} = L_m i_{m1}$，即 ψ_2 的稳态值由 i_{m1} 唯一决定。

T 轴上的定子电流 i_{t1} 和转子电流 i_{t2} 的动态关系为

$$i_{t2} = -\frac{L_m}{L_r}i_{t1} \tag{7-7}$$

式（7-7）说明，如果 i_{t1} 突然变化，i_{t2} 立刻跟着变化，没有什么惯性，这是因为按转子磁场定向后在 T 轴上不存在转子磁通的缘故。再看转矩，即

$$T_e = n_p \frac{L_m}{L_r} i_{t1} \psi_2$$

可以认为，i_{t1} 是定子电流的转矩分量。当 i_{m1} 不变，即 ψ_2 不变时，如果 i_{t1} 变化，转矩 T_e 立即随之成正比地变化，没有任何滞后。

总之，由于 M、T 坐标按转子磁场定向，在定子电流的两个分量之间实现了解耦（矩阵方程中出现零元素的效果），i_{m1} 唯一决定磁链 ψ_2，i_{t1} 则只影响转矩，与直流电动机中的励磁电流和电枢电流相对应，这样就大大简化了多变量强耦合的交流变频调速系统的控制问题。

关于频率控制如何与电流控制协调的问题，由转子磁场定向的数学模型可得

$$\omega_s = \frac{L_m i_{t1}}{T_2 \psi_2} \tag{7-8}$$

这就是转差频率的控制方程式。

4. 磁链开环、转差型矢量控制的交—直—交电流源变频调速系统

该系统的原理框图示于图 7-13 中。在转差频率控制交—直—交电流源变频调速系统的基础上，把从稳态特性出发的 $T_e \infty \omega_s$ 和 $I_1 = f(\omega_s)$ 函数关系换成从动态数学模型出发的矢量控制器，就得到转差型矢量控制系统。这样，上面提到的转差频率控制系统的大部分不足之处都被克服了，从而大大提高了系统的动态性能。

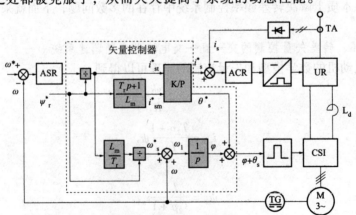

图 7-13 磁链开环转差型矢量控制系统原理图
ASR—转速调节器；ACR—电流调节器；K/P—直角
坐标–极坐标变换器

这个系统的主要特点如下。

（1）转速调节器 ASR 的输出是定子电流转矩分量的给定信号，与双闭环直流调速系统的电枢电流给定信号相当。

（2）定子电流励磁分量给定信号 U_{im1}^* 和转子磁链给定信号 $U_{\psi_2}^*$ 之间的关系是靠矢量控制方程式建立的，其中的比例微分环节使 i_{m1} 在动态中获得强迫励磁效应，从而克服实际磁通的滞后。

（3）U_{it1}^* 和 U_{im1}^* 经直角坐标/极坐标变换器合成后产生定子电流幅值给定信号 U_{i1}^* 和相角给定信号 $U_{\theta_1}^*$。前者经电流调节器 ACR 控制定子电流的大小，后者则控制逆变器换相的触发时刻，用以决定定子电流的相位。定子电流相位是否得到及时的控制对于动态转矩的发生极为重要，极端来看，如果电流幅值很大，但相位落后 90°，所产生的转矩只能是零。

（4）转差频率信号 $U_{\omega_s}^*$ 与 U_{it1}^*、$U_{\psi_2}^*$ 的关系符合另一个矢量控制方程式（7−8），实现转差频率控制功能。

由以上特点可以看出，磁链开环转差型矢量控制系统的磁场定向由磁链和转矩给定信号确定，靠矢量控制方程保证，并没有用磁链模型实际计算转子磁链及其相位，所以属于间接的磁场定向。但由于矢量控制方程中包含电动机转子参数，定向精度仍受参数变化的影响。

项目三　正弦脉宽调制技术

知识目标

了解同步和异步调制的原理。

熟悉自然采样法。

理解规则采样法。

掌握电压型变频器的输出波形。

能力目标

能够阐述逆变器与脉宽的关系。

能够阐述调制度。

任务一　SPWM 调制原理

早期的交—直—交变频器所输出的交流波形都是矩形波或六拍阶梯波，这是因为当时逆变器只能采用半控式的晶闸管，其关断的不可控性和较低的开关频率导致逆变器的输出波形不可能近似按正弦规律变化，从而会有较大的低次谐波，使电动机输出转矩存在脉动分量，影响其稳态工作性能，这在低速运行时更为明显。为了改善交流电动机变压器变频调速系统的性能，在出现了全控式电力电子开关器件之后，科技工作者们在 20 世纪 80 年代开发了应用 PWM 技术的逆变器，由于它的优良技术性能，当今国内外生产的变压变频器都已采用这种技术，只有在全控器件尚未能及的特大容量时例外。

图7-14所示比较了两类电压型变压变频器主电路的结构及其输出电压波形，其中图7-14（a）所示为晶闸管变压变频器输出的相电压波形 u_{A0}，而图7-14（b）所示是PWM逆变器输出线电压波形 u_{AB}。由图可见，应用PWM技术控制的逆变器在主电路结构上比较简单，而输出电压波形更接近正弦波。

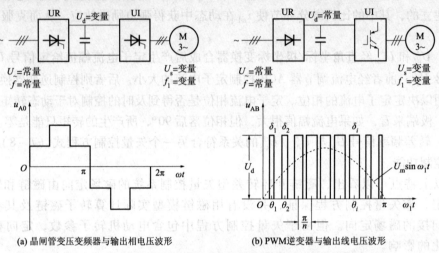

(a) 晶闸管变压变频器与输出相电压波形　　(b) PWM逆变器与输出线电压波形

图7-14　两类三相电压型变压变频器主电路结构与输出电压波形

传统的交流变压变频脉宽调制技术是用正弦波来调制等腰三角波，从而获得一系列等幅不等宽的PWM矩形波，按照波形面积相等的原则，这样的PWM波形与期望的正弦波等效。经过一段时间的应用实践后，这种脉宽调制方法取得了很大的效能，也发现了一些缺点，因此，PWM控制技术一直是科研人员研究的热门课题。

1. SPWM逆变器的工作原理

名为SPWM逆变器，就是期望其输出电压是纯粹的正弦波形，那么，可以把一个正弦波分作 N 等分，如图7-15（a）所示（图中 $N=12$），然后把每一等分的正弦曲线与横轴所包围的面积都用一个与此面积相等的等高矩形脉冲来代替，矩形脉冲的中点与正弦波每一等分的中点重合（图7-15（b））。这样，由 N 个等幅而不等宽的矩形脉冲所组成的波形就与正弦的半周等效。同样地，正弦波的负半周也可用相同的方法来等效。

图7-15（b）所示的一系列脉冲波形就是所期望的逆变器输出SPWM波形。可以看到，由于各脉冲的幅值相等，所以逆变器可由恒定的直流电源供电，也就是说，这种交—直—交变频器中的整流器采用不可控的二极管整流器就可以了。逆变器输出脉冲的幅值就是整流器的输出电压。当逆变器各开关器件都是在理想状态下工作时，驱动相应开关器件的信号也应为与图7-15（b）所示形状相似的一系列脉冲波形，这是很容易推断出来的。

从理论上讲，这一系列脉冲波形的宽度可以严格地用计算方法求得，作为控制逆变器中各开关器件通断的依据。但较为实用的办法是引用通信技术中的"调制"这一概念，以所期望的波形

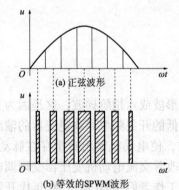

图7-15　与正弦波等效的等幅矩形脉冲序列波形

（在这里是正弦波）作为调制波（Modulatingwave），而受它调制的信号称为载波（Carrier wave）。在 SPWM 中常用等腰三角形作为载波，因为等腰三角波是上下宽度线性对称变化的波形，当它与任何一个光滑的曲线相交时，在交点的时刻控制开关器件的通断，即可得到一组等幅而脉冲宽度正比于该曲线函数值的矩形脉冲，这正是 SPWM 所需要的结果。

1）工作原理

图 7-16 是 SPWM 变频器的主电路，图中 $VT_1 \sim VT_6$ 是逆变器的 6 个功率开关器件（在这里画的是 GTR），各由一个续流二极管反并联连接，整个逆变器由三相整流器提供的恒值直流电压 U_s 供电。图中调制电路是它的控制电路，一组三相对称的正弦参考电压信号 u_{ra}、u_{rb}、u_{rc} 由参考信号发生器提供，其频率决定逆变器输出的基波频率，应在所要求的输出频率范围内可调。参考信号的幅值也可在一定范围内变化，以决定输出电压的大小。三角波载波信号 u_t 是共用的，分别与每相参考电压比较后，给出"正"或"零"的饱和输出，产生 SPWM 脉冲序列波作为逆变器功率开关器件的驱动控制信号。

控制方式可以是单极式，也可以是双极式。采用单极式控制时在正弦波的半个周期内每相只有一个开关器件开通或关断，如 A 相的 VT_1 反复通断，图 7-14 表示这时的调制情况。当参考电压 u_{ra} 高于三角波电压 u_t 时，相应比较器的输出电压 u_{da} 为"正"电平；反之则产生"零"电平。只要正弦调制波的最大值低于三角波的幅值，调制结果必然形成图 7-15（b）所示的等幅不等宽而且两侧窄中间宽的 SPWM 脉宽调制波形 $u_{da}=f(t)$，负半周是用同样的方法调制后再倒相而成。

在图 7-16 所示主电路中，比效器输出 U 相控制信号 u_{da} 的"正"和"零"两种电平分别对应于功率开关器件 VT_1 的通和断两种状态。由于 VT_1 在正半周内反复通断，在逆变器的输出端可获得重现 u_{da} 形状的 SPWM 相电压 $u_{U0}=f(t)$，脉冲的幅值为 $U_s/2$，脉冲的宽度按正弦规律变化，见图 7-15。与此同时，必然有 B 相或 C 相的负半周出现（VT_6 或 VT_2 导通），用 u_{B0} 或 u_{C0} 脉冲的幅值通和断来实现。其他两相相比，只是相位上分别相差 120°。

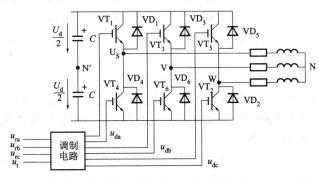

图 7-16　SPWM 变频器电路原理框图

图 7-17 绘出了三相 SPWM 逆变器工作在双极式控制方式时的输出电压波形。其调制方法和单极式相同，输出基波电压的大小和频率也是通过改变正弦参考信号的幅值和频率而改变的，只是功率开关器件通断的情况不一样。双极式控制时逆变器同一桥臂上下两个开关器件交替通断，处于互补的工作方式。例如，图 7-17（b）中，$u_{A0}=f(t)$ 是在 $+U_s/2$ 和 $-U_s/2$ 之间跳变的脉冲波形，当 $u_{ra}>u_T$ 时，VT_1 导通，$u_{A0}=+U_s/2$；当 $u_{ra}<u_T$ 时，VT_4 导通，$u_{A0}=-U_s/2$。同理，图 7-17（c）所示的 u_{B0} 波形是 VT_3、VT_6 交替导通得到的；图 7-17（d）的 u_{C0} 波形是 VT_5、VT_2 交替导通得到的。在图 7-17（e）中，由 u_{A0} 减 u_{B0} 得到逆变器输出的线电

压波形 $u_{AB} = f(t)$，脉冲幅值为 $+U_s$ 和 $-U_s$。

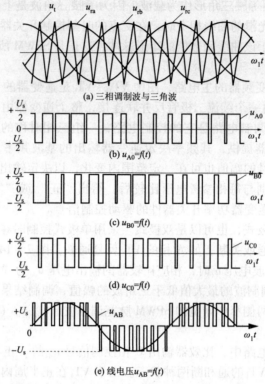

(a) 三相调制波与三角波

(b) $u_{A0} = f(t)$

(c) $u_{B0} = f(t)$

(d) $u_{C0} = f(t)$

(e) 线电压 $u_{AB} = f(t)$

图 7 - 17　双极式 SPWM 逆变器三相输出波形

2）逆变器输出电压与脉宽的关系

在变频调速系统中，负载电动机接受逆变器的输出电压而运转，对电动机来说，有用的只是基波电压。通过分析可知，输出基波电压幅值与各相脉宽有正比的关系，这说明调节参考信号的幅值从而改变各个脉冲的宽度时，就实现了对逆变器输出电压基波幅值的平滑调节。

3）对脉宽调制的制约条件

根据脉宽调制的特点，逆变器主电路的开关器件在其输出电压半周内要开关 N 次，而器件本身的开关能力与主电路的结构及其换流能力有关。所以把脉宽调制技术应用于交流调速系统必然受到一定条件的制约，主要有下列两点。

（1）开关频率。逆变器各功率开关器件的开关损耗限制了脉宽调制逆变器的每秒脉冲数（即逆变器每个开关器件的每秒动作次数）。普通晶闸管的换流能力差，其开关频率一般不超过 300 ~ 500Hz，现在在 SPWM 逆变器中已很少实用。取而代之的是电力晶闸管 GTR（开关频率可达 1 ~ 5kHz）、可关断晶闸管 GTO（开关频率为 1 ~ 2kHz）、功率场效应管 P - MOSFET（开关频率可达 20kHz 以上）。本节以后都以 GTR 作为开关器件。

（2）调制度。为保证主电路开关器件的安全工作，必须使所调制的脉冲波有个最小脉宽与最小间隙的限制，以保证脉冲宽度大于开关器件的导通时间 t_{on} 与 t_{off}。这就要求参考信号的幅值不能超过三角载波峰值的某一百分数（称为临界百分数）。一般定义调制度（Modulation - Index）为

$$M = \frac{U_{rm}}{U_{tm}} \qquad (7-9)$$

式中 U_{rm}，U_{tm}——分别为正弦调制波参考信号与三角载波的峰值，V。

在理想情况下，M 可在 $0 \sim 1$ 之间变化，以调节输出电压的幅值，实际上 M 总是小于1的。当调制度超过最小脉宽的限制时，可以改为按固定的最小脉宽工作，而不再遵守正常的脉宽调制规律。但这样会使逆变器输出电压的幅值不再是调制电压幅值的线性函数，并且偏低，从而引起输出电压谐波的增大。

2. SPWM 逆变器的同步调制和异步调制

定义载波的频率 f_t 与调制波频率 f_r 之比为载波比 N，即 $N = f_t/f_r$。视载波比的变化与否有同步调制与异步调制之分。

1）同步调制

在同步调制方式中，$N =$ 常数，变频时三角载波的频率与正弦调制波的频率同步变化，因而逆变器输出电压半波内的矩形脉冲数是固定不变的。如果取 N 等于3的倍数，则同步调制能保证逆变器输出波形的正、负半波始终保持对称，并能严格保证三相输出波形间具有互差120°的对称关系。但是，当输出频率很低时，由于相邻两脉冲间的间距增大，谐波会显著增加，使负载电动机产生较大的脉动转矩和较强的噪声，这是同步调制方式的主要缺点。

2）异步调制

为了消除上述同步调制的缺点，可以采用异步调制方式。顾名思义，在异步调制中，在逆变器的整个变频范围内，载波比 N 是不等于常数的。一般在改变参考信号频率 f_r 时保持三角波载波频率 f_t 不变，因而提高了低频时的载波比。这样逆变器输出电压半波内的矩形脉冲数可随输出频率的降低而增加，相应地，可减少负载电动机的转矩脉动与噪声，改善了低频工作的特性。

有一利必有一弊，异步调制在改善低频工作的同时，又会失去同步调制的优点。当载波比随着输出频率的降低而连续变化时，势必使逆变器输出电压的波形及其相位都发生变化，很难保持三相输出间的对称关系，因而引起电动机工作的不平稳。为了扬长避短，可将同步和异步两种调制方式结合起来，成为分段同步的调制方式。

3）分段调制方式

在一定频率范围内，采用同步调制，保持输出波形对称的优点。当频率降低较多时，使载波比分段有级地增加，又采纳了异步调制的长处。这就是分段同步调制方式。具体地说，把逆变器整个变频范围划分成若干个频段，在每个频段内都维持载波比 N 恒定，对不同频段取不同的 N 值，频率低时取 N 值大些，一般按等比级数安排。

任务二 SPWM 调制波的实现

前已指出，SPWM 的控制就是根据三角波与正弦波的交点来确定逆变器功率开关器件的开关时刻，可以用模拟电子电路、数字电子电路或专用的大规模集成电路芯片等硬件实现，也可以用微型计算机通过软件生成 SPWM 波形。开始应用 SPWM 技术时，多采用振荡器、比较器等模拟电路，由于所用元器件多、控制电路比较复杂，控制精度也难以保证。在微电子技术迅速发展的今天，以微机为基础的数字控制方案被人们采纳，提出了多种 SPWM 波形的软件生成方法。下面将讨论其中最常用的几种方法。

1. 自然采样法

自然采样法（Natural Sampling）是指根据 SPWM 逆变器的工作原理，当载波比为 N 时，在逆变器输出的一个周期内，正弦调制波与三角载波应有 $2N$ 各交点。或者说，三角载波变化一个周期之间，它与正弦波相交两次，相应的逆变器功率器件导通与关断各一次。要准确地生成这样的 SPWM 波形，就得尽量精确地计算功率器件的导通时刻和关断时刻。功率器件导通的区间就是脉冲宽度，其关断区间就是脉冲的间隙时间。这些区间的大小在正弦波频率的不同频段下是不一样的，并随调制度而异。但对于微型计算机来说，时间的计算可由软件实现，时间的控制可通过定时器等来完成，是很方便的。

按照正弦波与三角波的交点进行脉冲宽度与间隙时间的采样，从而生成 SPWM 波形，叫做自然采样法，如图 7-18 所示。在图中截取了任意一段正弦调制波与三角载波一个周期的相交情况。交点 A 是发生脉冲的时刻，B 点是结束脉冲的时刻。在三角载波的一个周期时间 T_c 内，A 点和 B 点之间的时间 t_2 是逆变器功率开关器件导通工作的区间，称为脉宽时间。而其余的时间均为器件的关断工作区间，称为间隙时间，它在脉宽时间前后各有一段，分别用 t_1 和 t_3 来表示。显然，$T_c = t_1 + t_2 + t_3$。

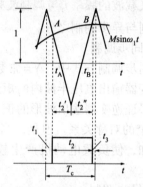

图 7-18　生成 SPWM 波形的自然采样法

在图 7-18 中，若以单位量 1 表示三角载波的幅值 U_{tm}，则正弦调制波可写为

$$u_r = M\sin\omega_1 t$$

式中　ω_1——正弦调制波的频率，即逆变器输出频率，rad/s。

由于 A、B 两点对三角载波中心线的不对称性，须把脉宽时间 t_2 分成 t'_2 与 t''_2 两部分分别求解。按相似直角三角形的几何关系可知

$$\frac{2}{T_c/2} = \frac{1 + M\sin\omega_1 t_A}{t'_2}$$

$$\frac{2}{T_c/2} = \frac{1 + M\sin\omega_1 t_B}{t''_2}$$

经整理得

$$t_2 = t'_2 + t''_2 = \frac{T_c}{2}\left[1 + \frac{M}{2}\left(\sin\omega_1 t_A + \sin\omega_1 t_B\right)\right] \qquad (7-10)$$

须注意，在式（7-10）中，除 T_c、M、ω_1 为已知外，t_A 与 t_B 都是未知数，此式是一个超越方程，难以求解，这是由于两波形交点的任意性造成的。此外，由于 SPWM 脉冲波形相对于三角载波并不对称，所以 $t_1 \neq t_3$，这也增加了实时分别计算的困难。再则式（7-10）中有三角函数运算和多次乘法、加法运算，都需要计算机的运算时间。因此，自然采样法虽然能真实地反映脉冲产生与结束的时刻，却难以用于实时控制中。当然也可以事先把计算出的数据放入计算机内存中，控制时利用查表法进行查询，这样做当调速系统频率变化范围较大、频率段数很多时，又将占用大量的内存空间，所以此法仅适用于有限调速范围的场合。

2. 规则采样法

为了弥补自然采样法的不足，人们一直在寻求工程实用的采样方法，力求采样效果尽量

接近自然采样法，又不必花费过多的计算机运算时间，其中应用比较广泛的是规则采样法（Regular Sampling）。这种方法的着眼点就是设法使 SPWM 波形的每一个脉冲都与三角载波的中心线对齐，于是式（7-10）就可以简化，而且两侧的间隙时间相等，即 $t_1 = t_3$，从而使计算工作量大为减轻。

规则采样法的主要原则是这样的，在三角载波每一周期内的固定时刻，找到正弦调制波上的对应电压值，就用此值对三角载波进行采样，以决定功率开关器件的导通与关断时刻，而不管在采样点上正弦波与三角载波是否相交。这样做虽然会引起一定误差，但采取某些措施后，在工程实践中还是可行的。

图 7-19（a）所示为一种规则采样法，姑且称之为规则采样 I 法。它固定在三角载波每一周期的正峰值时找到正弦调制波上的对应点，即图中 D 点，求得电压值 u_{rd}。用此电压值对三角波进行采样的 A、B 两点，就认为它们是 SPWM 波形中脉冲的生成时刻，A、B 之间就是脉宽时间 t_2。规则采样 I 法的计算显然比自然采样法简单，但从图中可以看出，所得的脉冲宽度将明显偏小，从而造成不小的控制误差。这是由于采样电压水平线与三角载波的交点都处于正弦调制波的同一侧造成的。

为此可对采样时刻做另外的选择，这就是图 7-19（b）所示的规则采样 II 法。图中仍在三角载波的固定时刻找到正弦调制波上的采样电压值，但所取的不是三角载波的正峰值，而是其负峰值，得图中 E 点，采样电压为 u_{re}。在三角载波上由 u_{re} 水平线截得 A、B 两点，从而确定了脉宽时间 t_2。这时，由于 A、B 两点坐落在正弦调制波的两侧，因此减少了脉宽生成误差，所得的 SPWM 波形也就更准确了。

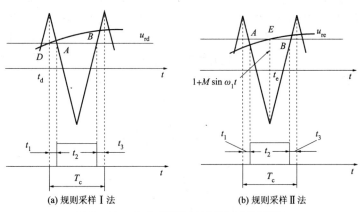

(a) 规则采样 I 法　　　　(b) 规则采样 II 法

图 7-19　生成 SPWM 波形的规则采样法

在规则采样法中，每个周期的采样时刻都是确定的，它所产生的 SPWM 脉冲宽度和位置都可预先计算出来。根据脉冲电压对三角载波的对称性，可得下面的计算公式。

脉宽时间为

$$t_2 = \frac{T_c}{2}（1 + M\sin\omega_1 t_e）\qquad(7-11)$$

间隙时间为

$$t_1 = t_3 = \frac{1}{2}（T_c - t_2）\qquad(7-12)$$

实用的逆变器多是三相的，因此还应形成三相的 SPWM 波形。三相正弦调制波在时间上互差 $2\pi/3$，而三角载波是公用的，这样就可在同一个三角载波周期内获得图 7-19 所示的三相 SPWM 脉冲波形。

在图 7-20 中，每相的脉宽时间 t_{a2}、t_{b2} 与 t_{c2} 都可用（7-11）计算，求三相脉宽时间的总和时，等式右边第一项相同，加起来是其 3 倍，第二项之和则为零，因此有

$$t_{a2} + t_{b2} + t_{c2} = \frac{3}{2}T_c \qquad\qquad (7-13)$$

三相间隙时间总和为

$$t_{a1} + t_{b1} + t_{c1} + t_{a3} + t_{b3} + t_{c3} = 3T_c - (t_{a2} + t_{b2} + t_{c2}) = \frac{3}{2}T_c$$

脉冲两侧的间隙时间相等，所以有

$$t_{a1} + t_{b1} + t_{c1} = t_{a3} + t_{b3} + t_{c3} = \frac{3}{4}T_c \qquad\qquad (7-14)$$

式中下角标 a、b、c 分别表示 A、B、C 三相。

利用式（7-11）~式（7-14）可以很快地计算出各相脉宽 t_2 与间隙时间 t_1、t_3。

在数字控制中，用计算机实时产生 SPWM 波形正是基于上述的采样原理和计算公式。

一般可以离线先在通用计算机上算出相应的脉宽 t_2 或 $\frac{T_c}{2}M\sin\omega_1 t_e$ 后，写入 EPROM，然后由调速系统的微型机通过查表和加减运算求出各相脉宽时间和间隙时间，这就是查表法。也可以在内存中存储正弦函数和 $T_c/2$ 值，控制时先取出正弦值与调速系统所需的调制度 M 作乘法运算，再根据给定的载波频率取出对应的 $T_c/2$ 值，与 $M\sin\omega_1 t_e$ 做乘法运算，然后运用加、减、移位即可算出脉宽时间 t_2 和间隙时间 t_1、t_3，此即实时计算法。按查表法或实时计算法所得的脉冲数据都送入定时器，利用定时中断向接口电路送出相应的高、低电平，以实时产生 SPWM 波形的一系列脉冲。对于开环控制系统，在某一给定转速下其调制度 M 与频率 ω_1 都有确定值，所以宜采用查表法。对于闭环控制的调速系统，在系统运行中调制度 M 值须随时被调节，用实时计算法更为适宜。

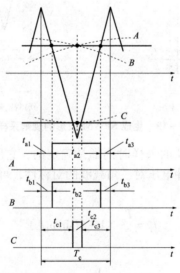

图 7-20　三相 SPWM 波形

3. 指定谐波消除法

前面所讨论的 SPWM 逆变器控制模式并不是唯一的，多年来对 SPWM 的控制模式

研究得很多，提出了不少方法，其中比较有意义的一种就是指定谐波消除法（Harmonic Elimination Method），属于 SPWM 控制模式。

在这里，逆变器的输出电压仍是一组等幅不等宽的脉冲波，而且是半个周期对称的。但它们并非由三角载波与正弦调制波的交点形成，而是从消除某些指定次数的谐波出发，通过计算，来确定各个脉冲的开关时刻。以图 7-21 所示的简单电压波形为例，这是一个半周期内只有 3 个脉冲波的单极式 SPWM 波形。如要求逆变器输出的基波电压幅值为 U_{1m}，并要求消除 5 次和 7 次谐波电压（三相电动机无中线时，3 次和 7 次的倍数次谐波可以忽略）。为此，须适当地选取脉冲开关时刻 a_1、a_2 和 a_3。

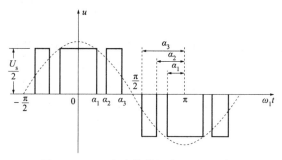

图 7-21　三脉冲的单极式 SPWM 波形

如把时间坐标原点取在 1/4 周期处，则 SPWM 电压波形的傅里叶级数可写为

$$u(\omega t) = \sum_{k=1}^{\infty} U_{km}\cos k\omega_1 t \qquad (7-15)$$

式中　U_{km}——第 k 次谐波的幅值，可表达为

$$U_{km} = \frac{2}{\pi}\int_0^{\pi} u(\omega t)\cos k\omega_1 t \mathrm{d}(\omega_1 t)$$

根据图 7-20 所示波形可展开成

$$U_{km} = \frac{U_s}{\pi}\Big[\int_0^{\alpha_1}\cos k\omega_1 t \mathrm{d}(\omega_1 t) + \int_{\alpha_2}^{\alpha_3}\cos k\omega_1 t \mathrm{d}(\omega_1 t) - \int_{\pi-\alpha_2}^{\pi-\alpha_3}\cos k\omega_1 t \mathrm{d}(\omega_1 t) - \int_{\pi-\alpha_1}^{\pi}\cos k\omega_1 t \mathrm{d}(\omega_1 t)\Big]$$

$$= \frac{2U_s}{k\pi}[\sin k\alpha_1 - \sin k\alpha_2 + \sin k\alpha_3]$$

由于脉冲波形对称，不存在偶次谐波，故上式中的 k 为奇数。把 U_{km} 代入式（7-15），得

$$u(\omega t) = \frac{2U_s}{\pi}\sum_{k=1}^{\infty}\frac{1}{k}\big[\sin k\alpha_1 - \sin k\alpha_2 + \sin k\alpha_3\big]\cos k\omega_1 t$$

$$= \frac{2U_s}{\pi}(\sin\alpha_1 - \sin\alpha_2 + \sin\alpha_3)\cos\omega_1 t +$$

$$\frac{2U_s}{5\pi}(\sin 5\alpha_1 - \sin 5\alpha_2 + \sin 5\alpha_3)\cos 5\omega_1 t +$$

$$\frac{2U_s}{7\pi}(\sin 7\alpha_1 - \sin 7\alpha_2 + \sin 7\alpha_3)\cos 7\omega_1 t$$

$$+ \cdots \qquad (7-16)$$

根据前述条件，可由式（7-16）得出

$$U_{1m} = \frac{2U_s}{\pi}(\sin\alpha_1 - \sin\alpha_2 + \sin\alpha_3)$$

$$U_{5\mathrm{m}} = \frac{2U_\mathrm{s}}{5\pi}(\sin5\alpha_1 - \sin5\alpha_2 + \sin5\alpha_3) = 0$$

$$U_{7\mathrm{m}} = \frac{2U_\mathrm{s}}{7\pi}(\sin7\alpha_1 - \sin7\alpha_2 + \sin7\alpha_3) = 0$$

求解以上方程组即可得到为了消除 5 次和 7 次谐波所应有的各脉冲波开关时刻 α_1、α_2 和 α_3。当然，为了消除更高次谐波，就得到更多的方程来求解更多的开关时刻，也就是说，要在一个周期内有更多的脉冲波才能更好地抑制与消除输出电压中的谐波成分。

应该说，利用指定谐波消除法来确定一系列脉冲波的开关时刻是能够有效地消除所指定次数的谐波的，但是指定次数以外的谐波却不一定能减少，有时甚至还会增大。不过它们已属高次谐波，对电动机的工作影响不大。

在控制方式上，这种方法并不依赖于三角载波与正弦调制波的比较，因此实际上已经离开了脉宽调制的概念，只是由于其效果和脉宽调制一样，才列为 SPWM 控制模式的一类。上述三角函数方程组的求解困难，而且在不同输出频率下要求不同的脉冲开关角，因此难以实现实时控制。一般用离线的迭代计算法求出不同输出频率下各开关角的数值解，放入微机内存，以备控制时取用。

思考与练习

7-1　变频调速的机械特性如何？

7-2　交—直—交变频器可分成哪几种类型？

7-3　为什么 V/F 控制方式在改变频率的同时还要改变输出电压？

7-4　矢量控制的优点有哪些？

7-5　SPWM 的波形如何能实现？

模块八

变 频 器

项目一 通用变频器的基本结构

知识目标

了解基本参数。

熟悉变频器功能设定。

理解 MM420 变频器的主要控制功能。

掌握 MM420 变频器的基本结构原理。

能力目标

能够掌握 MM420 主电路连接。

能够完成常用参数设置。

任务一 变频器的基本结构

变频器主要由主电路和控制电路组成。主电路主要由整流电路、中间电路和逆变电路 3 部分组成，其中中间电路又由电源再生单元、限流单元、滤波单元、制动单元以及直流电源检测电路等组成。控制电路主要有中央处理器 CPU、I/O 接口、A/D、D/A 接口、通信接口、键盘显示电路及控制电源组成，如图 8 - 1 所示。

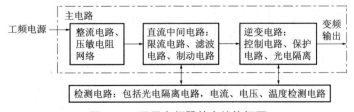

图 8 - 1 通用变频器基本结构框图

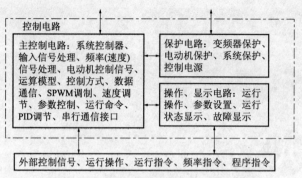

图 8 - 1　通用变频器基本结构框图（续）

任务二　通用变频器的硬件结构图

在图 8 - 2 中，PE 为接地端子，为保证使用安全，该端子一定要按电气规程要求可靠接地。L_1、L_2、L_3 为变频器输入端，与电源连接；U、V、W 为变频器的输出端，与电动机相连接。其他为控制端子，具体可参见说明书。值得注意的是，变频器的输入端和输出端千万不能接反；否则通电后会产生严重后果。

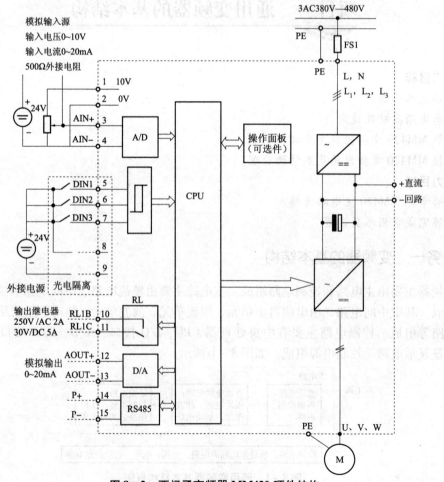

图 8 - 2　西门子变频器 MM420 硬件结构

任务三　变频器的主要功能

随着变频器的发展，变频器的控制功能越来越丰富，智能化程度越来越高，参数值的设置也越来越复杂，而且很多参数都是相互关联、相互影响的。同时很多参数和现场实际情况有很大关系，这就要求工程技术人员对生产工艺过程和整个控制系统都非常熟悉，而且对变频器的各个参数项的功能非常了解并综合考虑，必要时还要通过计算才能正确完成设置和操作，以保证变频器的正常运行。

一般通用变频器有以下基本功能。

1. 转矩提升（补偿）功能

前面已经分析，变频器的 V/F 特性决定了起动或低速运行时的输出转矩的大小，这是变频器诸多功能中最重要的功能特性之一。自动转矩补偿是指电动机在低频区域运行时通过提高 V/F 值的方法，使电动机的转矩得以提升。通用变频器都有可供选择的多条 V/F 特性曲线，如衰减特性曲线、平方特性曲线、抛物线特性曲线等。

2. 防失速功能

变频器的防失速功能包括加速过程中的防失速、恒速运行过程中的防失速以及减速过程中的防失速。加速和恒速运行时的防失速是指电动机加速过快或负载过大引起过电流时，变频器将自动降低其输出频率以限制输出电流增大，避免变频器因电动机过电流而出现保护电路动作和停止工作。而减速时的防失速不是因为过电流，而是由于惯性产生的能量回馈导致的，这个能量回馈会使得中间直流电路的电压上升导致过电压，在电压保护电路未动作之前，暂时停止降低变频器的输出频率或减小输出频率的降低速率，从而达到防失速的目的。

3. 无速度传感器矢量控制功能

无速度传感器矢量控制是指在不加速度传感器的情况下，通过监测电动机电流而得到负载转矩，并根据负载转矩进行必要的转差补偿，完成矢量控制，从而提高速度控制精度和动态响应。

4. 瞬停再起动功能

瞬停再起动是指当保护功能动作后或发生电网瞬时停电时，变频器停止输出。在电源恢复后，变频器可以按照设定自动跟踪转速再起动，通过自寻速功能对电动机速度进行检测，输出与电动机速度相当的频率，使电动机平稳无冲击地起动，直至电动机恢复原有状态。

5. 外部信号控制功能

变频器通常都具有通过外部信号对变频器进行起初和停止的控制功能，包括外部信号运行控制和外部异常停止信号控制。可以通过外部的开关量信号控制变频器的起动、运行和停止，也可以通过 PLC 通信控制变频器运行。

6. 变频器与频率有关的功能

变频器与频率有关的控制功能主要有以下内容。

1）频率上、下限功能

为了限制电动机的转速，满足控制设备运行的要求，通过设置频率的上、下限，可以限定过程控制参数的上、下限，并按一定的比例进行控制。

2）多段速度设定功能

多段速度设定是指电动机能够以预定的速度按一定的程序运行。可以通过对多功能端子的组合选择记忆在内存中的频率指令，设置自动生产流程，一旦设定好后，变频器将按顺序在不同的时间以不同的频率让电动机以不同的转速自动运行。

3）加减速时间设定功能

变频器从起动到额定运行，再从额定运行到减速停车这段时间可以人为设定。为了避免加速或减速过程中的失速，应根据现场负载实际情况正确设定加减速时间。

4）频率跳跃功能

当变频器的输出与负载机械设备产生共振时，通过跳跃频率的设定，从而避开共振频率。常用于风机、机床等机械设备。此外，变频器还有 S 形加减速、模糊加减速等功能，在这里就不一一阐述了，具体可看使用说明书。

7. PID 控制功能

工业现场绝大多数场合都离不开 PID 控制。变频器内部的 PID 控制一般适用于流量、压力、温度等过程控制，大多数场合一般只需要 PI 控制就够了。PID 参数可以通过变频器的操作面板人为设定，并由工程技术人员根据现场实际情况进行调整。P 参数作为比例参数，是影响偏差响应程度的参数。当 P 增益取大值，系统响应快，但容易振荡；取小值，系统响应慢，但稳定。I 参数作为积分参数，主要作用是消除偏差，积分时间长，系统响应慢，对外部扰动的控制能力变差；但积分时间短，响应速度快，又容易发生振荡。D 参数作为微分参数，是为了消除偏差在系统中引入一个早期的修正信号，加快系统的动作速度，减小调节时间。采用 PID 控制方式能获得无偏差、高精度和稳定的控制过程，用于从产生偏差到出现响应需要一定时间的控制系统，效果更好。

8. 保护功能

变频器的有些保护功能是通过内部软件和硬件直接完成的，另一些保护功能与外部工作环境密切相关，需要和外部信号配合完成，或者根据系统需要由用户对其动作条件进行设定。此外，变频器在保护跳闸后，故障复位前将一直显示故障代码，根据故障代码确定故障原因，可缩小故障查找范围，减少故障处理时间。

变频器的保护功能主要有电动机接地保护、过电流保护、过电压保护、欠电压保护、过热保护等功能，在这里就不一一列举了，具体可参看使用说明书。

9. 与运行有关的功能

1）直流制动功能

该功能的作用是在不使用机械制动器和制动电阻的条件下，使电动机制动。制动时变频器给电动机加上直流电压，使电动机绕组中流过直流电流，从而使电动机进入直流制动状态，达到制动目的。

2）自寻速跟踪功能

该功能是变频器在没有速度传感器的情况下，在电动机进入自由运行状态时自动寻找电动机的实际转速，并根据电动机转速自动进行加速，直至电动机转速达到所需的速度，而无须等到电动机停止后再启动。

3）载波频率调整

变频器的载波频率可调范围一般为 1 ~ 20kHz。载波频率的高低决定了变频器输出电压（电流）PWM 脉冲数的多少，载波频率越高，输出电压（电流）的波形越好。但载波频率高，变频器的功率损耗也加大。电动机的噪声也与载波频率有关，与运行频率也有关。一般来说，载波频率高，运行频率高，电动机的噪声小。

4）频率到达功能

设置了频率到达功能后，当变频器的输出频率到达频率设置值时，变频器就会发出信号，由外围输出端子实现。通常为开关量信号。

10. 参数自动检测功能

变频器的矢量控制方式依赖于异步电动机的参数模型。参数自动检测功能是变频器通过执行目标子程序来控制变频器的输出电压、电流测试信号，然后经过对采样数据进行计算，求出电动机参数值，并自动送至内部寄存器，向控制系统提供电动机参数数据，从而达到电动机参数自动测定的目的。这一功能使变频器的矢量控制得以保证。

11. 通信功能

变频器都带有 RS－485 通信接口，根据需要选用现场总通信卡实现网络通信，如 Profibus 总线，可实现远距离传输控制，最大距离可达 1200m。

变频器的功能很强大，这里就不一一列举了，具体内容可参看使用说明书。

项目二 变频器的选择、安装与维护

知识目标

了解变频器种类。

熟悉变频器的选择方法。

理解变频器的功能含义。

掌握变频器的故障诊断方法。

能力目标

能够正确连接变频器并通电运行。

能够正确判断变频器故障原因。

采用变频器设计传动系统，目的一般有两个：一是提高劳动生产率，提高产品质量，提高设备自动化程度，满足生产工艺所需；二是节约能源，降低成本。不同类型的变频器满足不同用户的实际工艺要求和应用场合。正确选择变频器对于传动控制系统的正常运行非常关键，既要在经济技术指标上合理，又要满足生产工艺要求。

任务一 变频器的选择

目前，市场上流行的变频器多达几十种，如欧美国家的品牌有西门子、ABB、Schneider（施耐德）、Danfoss（丹佛斯）等；日本的品牌有三菱、富士、安川、东芝、三垦、松下等；韩国有三星、LG 等；中国台湾省有台达、普传等；国内有英威特、森兰、汇川、爱默生等。欧美地区的产品性能先进，适用环境能力强；日本的产品以外形小巧、功能多著称；我国大陆的产品以大众化、功能专用、价格低而得到广泛应用。

一、简易型变频器

简易型变频器一般采用 V/F 控制方式，主要适用于风机、泵类负载，其节能效果明显，成本较低。

二、多功能通用变频器

随着现代工业自动化程度的不断提高，生产设备如造纸机、纺织机、卷扬机等向高速化、高效率化、高精度化方向发展，因此多功能、高性能变频器应运而生。

三、变频器容量选择

变频器的容量选定由很多因素决定，如电动机容量、电动机额定电流、加速时间等，但其中最主要的还是额定电流。依据电动机拖动的负载不同，主要有以下 3 种情况。

1. 驱动一台电动机

连续恒定负载时变频器的容量为

$$S_P \geqslant \frac{kP_\Omega}{\eta\cos\varphi}$$

$$S_P \geqslant \sqrt{3}U_{eN}I_{eN} \times 10^{-3}$$

变频器的额定电流为

$$I_N \geqslant kI_{eN}$$

式中　P_Ω——生产机械要求的电动机轴上的输出功率，kW；

　　　U_{eN}——电动机额定线电压，V；

　　　I_{eN}——电动机额定线电流，A；

　　　η——电动机效率（通常取 0.85）；

　　　k——电流波形修正系数，PWM 控制方式时取 1.05～1.1；

　　　$\cos\varphi$——电动机的功率因数，通常取 0.75。

2. 驱动多台电动机

成组传动时（一台变频器拖动多台并联的电动机）所需的容量如下。

（1）变频器过载能力为 150%、1min 时，电动机加速时间在 1min 以内，那么有

$$S_P \geqslant \frac{2}{3}\frac{kP_\Omega N_t}{\eta\cos\varphi}\left[1 + \frac{N_s}{N_t}(K-1)\right]$$

$$I_N \geqslant \frac{2}{3}N_t I_{eN}\left[1 + \frac{N_s}{N_t}(K-1)\right]$$

（2）电动机加速时间在 1min 以上时，则有

$$S_P \geqslant \frac{kP_\Omega N_t}{\eta\cos\varphi}\left[1 + \frac{N_s}{N_t}(K-1)\right]$$

$$I_N \geqslant \frac{2}{3}N_t I_{eN}\left[1 + \frac{N_s}{N_t}(K-1)\right]$$

式中　N_t——并联的电动机台数，台；

　　　N_s——同时起动的电动机台数，台；

　　　K——电动机的起动电流与额定电流之比；

其余各量含义同上。

3. 驱动大惯性负载电动机所需的容量

$$S_P \geqslant \frac{kn_N}{9550\eta\cos\varphi}\left(T_L + \frac{GD^2 n_N}{375t_p}\right)$$

式中　GD^2——折算到电动机轴上的总飞轮矩，N·m²；

　　　T_L——负载转矩，N·m；

　　　n_N——电动机额定转速，r/min；

　　　t_p——电动机加速时间，按负载要求确定，s。

其余各量含义同上。

任务二 变频器的外围设备的选择

在选定了变频器之后，还要选择与变频器配合工作的各种周边设备，正确选择变频器周边设备主要有以下几个目的。

①保证变频器驱动系统能够正常工作。

②对变频器和电动机提供保护。

③减少对其他设备的影响。

变频器的典型接法如图8-3所示。

图8-3所示，变频器的前端（L_1、L_2、L_3）加熔断器、交流接触器、输入滤波器（可选件），输出端（U、V、W）与电动机之间不建议加任何元器件，如果电动机噪声大或变频器与电动机距离较远，可加输出滤波器。

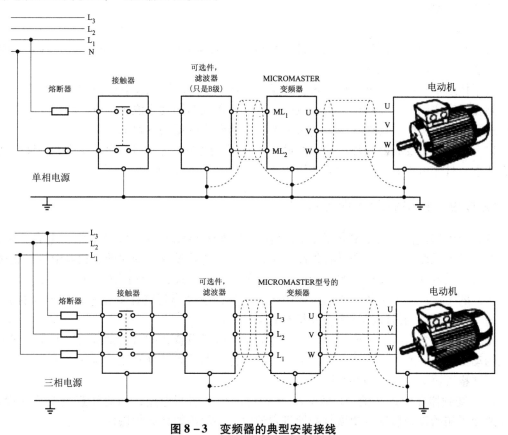

图8-3 变频器的典型安装接线

任务三 变频器的安装

为了保证变频器正常工作，变频器对安装环境是有要求的。一般来说，变频器的工作和安装环境要考虑以下几个因素。

1. 环境温度

变频器对环境温度有要求，一般允许的环境温度为$-10℃ \sim +45℃$。温度对电子元器件的寿命和可靠性影响很大，尤其是半导体元器件的结温超过规定值，会直接造成元器件损坏。因此，在环境温度较高的场合使用变频器时，必须采取安装冷却装置和避免日光直晒等措施，保证环境温度在厂家要求的范围之内，从而保证变频器能够正常工作。

2. 环境湿度

当空气湿度较大时，会引起金属腐蚀，使绝缘变差，并由此引起变频器的故障。变频器的技术说明书中给出了对湿度的要求，因此，要按照厂家的要求采取必要的措施，保证变频器内部不出现结露的情况。

当变频器长期不用时，更应特别注意周围环境的变化，保证变频器内部不结露。

3. 对环境空气的要求

变频器必须工作在无腐蚀性气体和无易燃易爆物的场合，同时还要保证粉尘较少、不能有油滴或水滴溅到。腐蚀性气体和尘埃除了会使电子元器件生锈，出现接触不良等现象外，还会吸收水分使绝缘变差，导致短路。而油滴和水珠以及易燃易爆气体更是造成短路和变频器损坏的直接原因。

4. 机械振动

振动会对变频器内部的电子元器件产生应力，尤其是核心部件都是焊接在 PCB 印制板上，因此应力很可能造成变频器故障。

对于传送带和冲压机械等振动较大的设备，在必要时应采取安装防振橡胶等措施，将振动抑制在规定值以下。而对由于机械设备的共振而造成的振动来说，则可以利用变频器的频率跳跃功能，使机械系统避开这些共振频率，以达到降低振动的目的。

以上列举的是变频器对环境要求的最基本方面。此外，变频器对海拔高度和安装空间等也有要求，具体可参看生产厂家的使用说明书。

任务四　变频器的保养与维护

变频器内部包含有功率晶体管、晶闸管、IC 等半导体元件，以及电阻、电容、风扇、继电器等其他元器件，是一个具有很高技术含量的高科技设备。现代的变频器中尽可能使用寿命较长的元器件，但元器件的寿命也是有限的，并且还存在老化问题。因此，变频器即使是在正常的工作环境下工作，在超过使用年限之后，也会出现特性变化和动作异常的情况。而任何一个元器件的故障都将影响变频器的正常工作。

变频器既是含有微处理器等半导体芯片的精密电子设备，同时又是输出零点几瓦到上百千瓦的动力设备。所以在进行通电前检查、试运行、调试以及维修保养时都必须十分小心注意，要严格遵照下面给出的基本原则。

（1）变频器在出厂之前，厂家都对变频器进行过初始设定，不要任意改变这些设定。而在改变了初始设定后又希望恢复初始设定值时，一般需要初始化操作。

（2）由于变频器内部有大电容，在切断了变频器的电源之后，与充电电容有关的电路部分仍有残存电压，在"充电"指示灯熄灭之前不应触摸有关部分。

（3）变频器内部的控制电路中有很多 CMOS 芯片。用手直接触摸电路板可能使这些芯片因静电作用而损坏，所以要十分小心。

（4）必须要保证变频器的接地端子可靠接地。

（5）变频器的输出端子（U、V、W）绝不允许接在交流电源上。

（6）不允许做耐压试验。

（7）测量变频器输出电压时要用指针式万用表。

任务五 变频器的故障诊断

变频器的常见故障主要有以下几种。

1. 参数设置故障

变频器在使用中，参数设置非常重要，如果参数设置不正确或参数不匹配，会导致变频器不工作，不能正常工作或频繁发生保护动作，甚至损坏。一般变频器出厂时都做了出厂设置，对每一个参数都有一个默认值。通常变频器默认以面板操作方式运行，有时用面板操作不能满足传动系统要求时，要重新设置和修改参数，一般从以下几个方面进行。

1）确认电动机参数

在变频器电动机参数中设定电动机的功率、电流、电压、转速、最大频率，一般变频器会自动识别。设定的这些参数应与电动机铭牌中的数据一致；否则就会引起变频器不能正常工作。

2）变频器的起动方式

变频器出厂时设定为面板起动，可以根据实际情况选择用面板、外部端子、通信等几种方式。除面板起动外，其他都要与对应的给定参数及控制端子匹配；否则，就会引起变频器不能正常工作或频繁发生保护甚至损坏。

3）控制方式的设定

控制方式的设定主要有频率控制、转矩控制、PID 控制等。每一种控制方式都对应一组数据范围的设定，如果这些数据设定得不正确，就会引起变频器不工作或不能正常工作，或发生故障保护而使变频器跳闸并显示故障代码。

一旦发生参数设置故障，变频器便不能正常运行，可根据故障代码或使用说明书进行参数修改；否则应恢复出厂值，重新设置。

2. 过电流与过载故障

过电流和过载故障是变频器的常见故障，发生的原因可能多种多样，处理方法也不相同。过电流故障可能在加、减速过程中，也可能在恒速过程中。过载故障包括变频器过载和电动机过载。故障的原因可能是外部的也可能是内部的。

1）外部原因

（1）电动机负载突变，引起大电流冲击使过电流保护动作。

（2）电源侧缺相、输出侧断线、电动机内部故障引起的过电流和接地故障。

（3）电动机电缆各相之间或每相对地的绝缘被破坏，造成匝间或相间对地短路而导致过电流。

（4）电动机的绕组和外壳之间、电缆和大地之间存在较大寄生电容，引起过电流和过电压故障。

（5）变频器输出侧有功率因数校正电容或浪涌吸收器。

（6）受电磁干扰的影响。

（7）变频器容量选择不当，与负载特性不匹配。

2）内部原因

（1）参数设定不正确。如加、减速时间过短，PID 控制时，P 参数和 I 参数设定不合适，造成输出电流振荡等。其故障类型多种多样，具体原因要具体分析。

（2）变频器内部硬件出问题。变频器的整流侧和逆变侧元器件损坏引起过电流、过电压；电源回路异常引起不显示，无法操作；控制电路检测元器件老化故障；受电磁干扰引起变频器误动作等。

3. 过电压与欠电压故障

变频器的过电压与欠电压故障主要体现在直流母线上。正常情况下，三相交流供电（也有单相小容量）的变频器直流母线电压为三相全波整流后的平均值，如果线电压为380V，则直流母线的电压平均值为513V。过电压发生时，直流母线电容将被充电，当电压上升至760V左右时，变频器就会发生过电压保护动作。因此，变频器都有一个正常的工作电压范围，超过这个范围时很可能损坏变频器。

4. 综合性故障

这类故障往往被一些表面现象所掩盖，对于这类故障的分析和查找，需要考虑多方面因素，逐个排查、试验才能找到事故根源，从根本上解决问题。具体的原因可能有以下几种。

1）过热保护

变频器的过热保护有电动机过热保护和变频器过热保护两种。一般地，电动机过热保护动作，应检查电动机的散热和通风情况；变频器过热保护动作，应检查变频器的冷却风扇和通风。

2）漏电断路器、漏电报警器误动作或不动作

变频器在使用过程中，有时会沿用原来的三相四线制漏电断路器，或为防止人体触电及绝缘老化而发生短路时造成火灾，系统要求必须装设漏电断路器、漏电报警器等。因此变频器在运行过程中可能经常发生频繁跳闸现象。这种情况，正确的处理方法是在同一变压器供电的各回路单独装设漏电断路器或漏电报警器，分别整定动作值，而变频器回路中装设的漏电断路器应符合变频器的要求。必要时加装隔离变压器、输入端电抗器，或降低载波频率，减小分布电容造成的对地漏电流。

3）静电干扰

在工业生产过程中，许多生产设备（如塑料设备、纤维设备）中会产生很高的静电而形成很强的静电场，由于这个强电场的影响，变频器会产生误动作，不能正常工作甚至造成变频器损坏。处理方法是使机械设备与变频器的共用接地系统单独接地，不要采用接零方式接地。严重时应加装静电消除器。

4）与载波频率有关的故障

变频器的载波频率是可调的。变频器出厂时的载波频率可能与现场需要不符，需要进行调整。但在实际调整时，往往因载波频率设置不当造成异常现象，甚至出现变频器故障，损坏变频器。尽管如此，工程上人们往往不重视对载波频率的调整，只将注意力集中在变频器尽快投入运行上，如此就埋下了事故隐患，并隐藏了事故原因，待事故发生后，又难以迅速找到事故根源。

变频器的载波频率高时，输出波形好，但载波频率高时，变频器自身损耗大，尤其是功率模块IGBT的功率损耗随着载波频率的提高而增加，同时输出电压的变化率增大，当电动机电缆较长时，寄生电容也迅速增大，对电动机的绝缘造成威胁。载波频率过低，电动机有效转矩减小，损耗加大，电动机温度升高。因此，不恰当的载波频率会导致各种故障发生。

一般来讲，调试过程中应试探性地调整载波频率，电动机功率大的，载波频率要低些，从低端向高端调整。首先确定合适的载波频率值，再考虑是否需要加装滤波器或谐波抑制装

置，一般都要遵守这个原则。

MM420 变频器的参数设置在这里就不再讨论了，可参阅具体的使用说明书。

思考与练习

8-1 如何选择变频器类型？

8-2 变频器容量选择时应考虑哪些因素？

8-3 变频器维修检测时应注意什么？

8-4 变频器的周边有哪些应用？都有什么功能？

8-5 变频器都有哪些常见的系统保护？

第 三 篇

实 训 篇

模块九

调速系统实训

本模块介绍交直流调速系统的实训内容，其中包括晶闸管直流调速系统参数和环节特性的测定、单闭环晶闸管直流调速系统、双闭环晶闸管不可逆直流调速系统、逻辑无环流可逆直流调速系统、交流调压调速系统及串级调速系统和变频调速系统。本实训采用天煌教仪DJDK–1型电动机控制实训装置。

项目一　单闭环不可逆直流调速系统实训

一、实训目的

（1）了解单闭环直流调速系统的原理、组成及各单元部件的原理。

（2）掌握晶闸管直流调速系统的一般调试过程。

（3）认识闭环反馈控制系统的基本特性。

二、实训所需挂件及附件

（1）DJK01 电源控制屏（参照附图1）。

（2）DJK02 晶闸管主电路（参照附图2）。

（3）DJK02 –1 三相晶闸管触发电路（参照附图3）。

（4）DJK04 电动机调速控制实验Ⅰ（参照附图4）。

（5）DJK08 可调电阻，电容箱。

（6）DD03 –3 电动机导轨，测速发电机及转速表。

（7）DJ13 –1 直流发电机。

（8）DJ15 直流并励电动机。

（9）D42 三相可调电阻。

（10）慢扫描示波器。

（11）万用表。

三、实训线路及原理

为了提高直流调速系统的动、静态性能指标，通常采用闭环控制系统（包括单闭环系统和多闭环系统）。对于调速指标要求不高的场合采用单闭环系统，而对于调速指标要求较高的场合则采用多闭环系统。按反馈的方式不同，可分为转速反馈、电流反馈、电压反馈等。在单闭环系统中，转速单闭环使用较多，图9-1所示为转速单闭环系统原理框图。

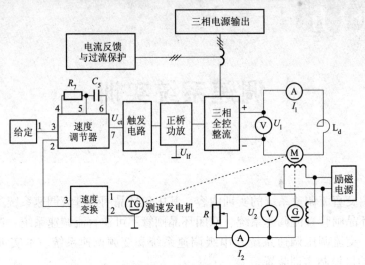

图9-1　转速单闭环直流调速系统原理框图

在本实训中，转速单闭环实训是将反映转速变化的电压信号作为反馈信号，经"速度变换"后接到"速度调节器"的输入端，与"给定"的电压相比放大后，得到移相控制电压 U_{ct}，用作控制整流桥"触发电路"，触发脉冲经功放后加到晶闸管的门极和阴极之间，以改变"三相全控整流"的输出电压，就这样构成了速度负反馈闭环系统。电动机的转速随给定电压变化，电动机最高转速由速度调节器的输出限幅所决定，速度调节器采用P（比例）调节对阶跃输入有稳态误差，要想消除上述误差，则需将调节器换成PI（比例积分）调节。这是当"给定"恒定时，闭环系统对速度变化起到了抑制作用，当电动机负载或电源电压波动时，电动机的转速能稳定在一定的范围内变化。

四、实训内容

（1）学习 DJK01 "电源控制屏"的使用方法。

（2）DJK04 上基本单元的测试。

（3）U_{ct} 不变时直流电动机开环特性的测定。

（4）U_d 不变时直流电动机开环特性的测定。

（5）转速单闭环调速系统。

五、预习要求

（1）复习自动控制系统（直流调速系统）教材中有关晶闸管直流调速系统，闭环反馈控制系统的内容。

（2）掌握调节器的工作原理。

（3）根据实训原理图，能画出实训系统的详细接线图，并理解各控制单元在调速系统中的作用。

(4) 实训时，如何能使用电动机的负载从空载（接近空载）连续地调至额定负载？

六、实训方法

1. DJK02 和 DJK02 - 1 上的"触发电路"调试

(1) 打开 DJK01 总电源开关，操作"电源控制屏"上的"三相电网电压指标"开关，观察输入的三相电网电压是否平衡。

(2) 将 DJK01"电源控制屏"上"调速电源选择开关"拨至"直流调速"侧。

(3) 用 19 芯的扁平电缆，将 DJK02 的"三相同步信号输出"端和 DJK02 - 1"三相同步信号输入"端相连，打开 DJK02 - 1 电源开关，拨动"触发脉冲指示"钮子开关，使窄的发光管亮。

(4) 观察 A、B、C 三相的锯齿波，并调节 A、B、C 三相锯齿波斜率，调节电位器（在各观测孔左侧），使三相锯齿波斜率尽可能一致。

(5) 将 DJK04 上的"给定"输出 U_g 直接与 DJK02 - 1 上的移相控制电压 U_{ct} 相接，将开关 S_2 拨到接地位置（即 $U_{ct} = 0$），调节 DJK02 - 1 上的偏移电压电位器，用双踪示波器观察 A 相同步电压信号和"双脉冲观察孔"VT_1 的输出波形，使 $\alpha = 120°$。

(6) 适当增加给定 U_g 的正电压输出，观测 DJK02 - 1 上"脉冲观察孔"的波形，此时应观测到单窄脉冲和双窄脉冲。

(7) 将 DJK02 - 1 面板上的 U_{lf} 端接地，用 20 芯的扁平电缆，将 DJK02 - 1 的"正桥触发脉冲输出"端和 DJK02"正桥触发脉冲输入"端相连，并将 DJK02"正桥触发脉冲"的 6 个开关拨至"通"，观察正桥 $VT_1 \sim VT_6$ 晶闸管门极和阴极之间的触发脉冲是否正常。

2. U_{ct} 不变时的直流电动机开环外特征的测定

(1) 按接线图分别将主回路和控制回路接好线。DJK02 - 1 上的移相控制电压 U_{ct} 由 DJK04 上的"给定"输出 U_g 直接接入，直流发电机接负载电阻 R，L_d 用 DJK02 上的 200mH，将给定的输出调到零。

(2) 先闭合励磁电源开关，按下 DJK01 上的"电源控制屏"起动按钮，使主电路输出三相交流电源，然后从零开始逐渐增加"给定"电压 U_g，使电动机慢慢起动，并使转速 n 达到 1200r/min。

(3) 改变负载电阻 R 的阻值，使电动机的电枢电流从 I_{ed} 直至空载。即可测出在 U_{ct} 不变时的直流电动机开环外特性 $n = f(I_d)$，测量并将数据记录到表 9 - 1 中。

表 9 - 1　数据记录表

$n/$ (r·min^{-1})						
I_d/A						

3. U_d 不变时直流电机开环外特性的测定

(1) 控制电压 U_{ct} 由 DJK04 的"给定"U_g 直接接入，直流发电机接负载电阻 R，L_d 用 DJK02 上的 200 mH，将给定的输出调到零。

(2) 按下 DJK01 上的"电源控制屏"起动按钮，然后从零开始逐渐增加给定电压 U_g，使电动机起动并达到 1200r/min。

(3) 改变负载电阻 R，使电动机的电枢电流从 I_{ed} 直接空载，用电压表监视三相全控整流

输出的直流电压 U_d，保持 U_d 不变（通过不断调节 DJK04 上的"给定"电压 U_g 来实现），测出在 U_d 不变时直流电动机的开环外特性 $n = f(I_d)$，并记录于表 9 – 2 中。

表 9 – 2　数据记录表

$n/$ (r · min^{-1})							
$I_d/$A							

4. 基本单元部件调试

（1）移相控制电压 U_{ct} 调节范围的确定。直接将 DJK04 "给定"电压 U_g 接入到 DJK02 – 1 移相控制电压 U_{ct} 的输入端，三相全控整流电压将随给定电压的增大而增大，当 U_g 超过某一数值 U_g' 时，U_d 的波形会出现缺相现象，这时 U_d 反而随 U_g 的增大而减少。一般可确定移相控制电压的最大允许值为 $U_{ctmax} = 0.9U_g'$，即 U_g 的允许调节范围为 $0 \sim U_{ctmax}$。如果把输出限幅定为 U_{ctmax} 的话，则"三相全控整流"的输出范围就被限定，不会工作到极限值状态，保证 6 个晶闸管可靠工作，将 U_g' 值记录于表 9 – 3 中。

表 9 – 3　数据记录表

$U_g'/$V	
$U_{ctmax} = 0.9U_g'$	

将给定退到零，再按"停止"按钮，结束步骤。

（2）调节器的调整。

①调节器的调零。将 DJK04 中"速度调节器"的所有输入端接地，再将 DJK08 中的可调电阻 40kΩ 接到"速度调节器"的"4""5"端，用导线将"5""6"端短接，使"速度调节器"成为 P（比例）调节器。调节板上的调零电位器 RP_3，用万用表的毫伏挡测量电流调节器"7"端的输出，使调节器的输出电压尽可能接近于零。

②正、负限幅值的调整。把速度调节器的"5""6"端短接线去掉，将 DJK08 中的可调电容 0.47μF 接入"5""6"两端，使调节器成为 PI（比例积分）调节器，然后将 DJK04 的给定输出端接到转速调节器的 3 端，当加一定的正给定时，调整负限幅电位器 RP_2，使之输出电压为最小值即可，当调节器输入端加负给定时，调整正限幅电位器 RP_1，使速度调节器的输出正限幅值为 U_{ctmax}。

③转速反馈系数的整定。直接将"给定"电压 U_g 接到 DJK02 – 1 上的移相控制电压 U_{ct} 的输入端，"三相全控整流"电路接直流电动机负载，L_d 用 DJK02 上的 200mH，输出给定调到零。

按下"起动"按钮，接通励磁电源，从零逐渐增加到给定，使电机提速到 $n = 1500$r/min 时，调节速度变换上的转速反馈电位器 RP_1，使得该转速时反馈电压 $U_{fn} = -6$V，这时的转速反馈系数 $a = U_{fn}/n = 0.004$V1 (r/min)。

5. 转速单闭环直流调速系统

（1）按图 9 – 1 所示接线，在本实训中，DJK04 的"给定"电压 U_g 为负给定，转速反馈为正电压，将"速度调节器"接成 P 调节器或 PI 调节器。直流发电机接负载电阻 R，L_d 用 DJK02 上的 200mH，给定输出调到零。

（2）直流发电机先轻载，从零开始逐渐调大"给定"电压 U_g，使电动机的转速接近 $n = 1200\text{r/min}$。

（3）由小到大调节直流发电机负载 R，测出电动机的电枢电流 I_d 和电动机的转速 n，直至 $I_d = I_{ed}$，即可测出系统静态特性曲线 $n = f(I_d)$。

七、思考题

（1）P 调节器和 PI 调节器在直流调速系统中的作用有什么不同？

（2）实训中，如何确定转速反馈的极性并把转速反馈正确地接入系统中？调节什么元器件能改变转速反馈的强度？

（3）改变"速度调节器"的电阻、电容参数对系统有什么影响？

八、注意事项

（1）双踪示波器有两个探头，可同时观测两路信号，但这两探头的地线都与示波器的外壳相连，所以两个探头的地线不能同时接在同一电路的不同电位的两个点上；否则这两点会通过示波器外壳发生电气短路。因此，为了保证测量的顺利进行，可将其中一根探头的地线取下或外包绝缘，只使用其中一路的地线，这样就从根本上解决了这个问题。当需要同时观察两个信号时，必须在北侧电路上找到这两个信号的公共点，将探头的地线接于此处，探头各端接至北侧信号，只有这样才能在示波器上同时观察到两个信号而不发生意外。

（2）电动机起动前，应加上电动机的励磁，才能使电动机起动。在起动前必须将移相控制电压调到零，这时才可以逐渐加大给定的电压，不能在开环或速度闭环时突加给定；否则会引起过大的起动电流，使过流保护动作，会发生告警从而跳闸。

（3）通电实训时，可先用电阻作为整流桥的负载，待确定电路能正常工作后，再换成电动机作为负载。

（4）在连接反馈信号时，给定信号的极性必须与反馈信号的极性相反，确保为负反馈；否则会造成失控。

（5）直流电动机的电枢电流不能超过额定值使用，转速也不能超过 1.2 倍的额定值。以免影响电动机的使用寿命或发生意外。

（6）DJK04 与 DJK02-1 不共地，所以实训时须短接 DJK04 与 DJK02-1 的地。

九、实训报告

（1）根据实训数据，画出 U_{ct} 不变时直流电动机开环机械特性曲线。

（2）根据实训数据，画出 U_d 不变时直流电动机开环机械特性曲线。

（3）根据实训数据，画出转速单闭环直流调速系统的机械特性曲线。

项目二　双闭环晶闸管不可逆直流调速系统实训

一、实训目的

（1）了解闭环不可逆直流调速系统的原理、组成及各主要单元部件的原理。

（2）掌握双闭环不可逆直流调速系统的调速步骤、方法及参数的整定。

（3）研究调节器参数对系统动态性能的影响。

二、实训所需挂件及附件

（1）DJK01 电源控制屏。

（2）DJK02 晶闸管主电路。

（3）DJK02 - 1 三相晶闸管触发电路。

（4）DJK04 电动机调速控制实验 I。

（5）DJK08 可调电阻、电容箱。

（6）DD03 - 2 电动机导轨、测速发电机及转速表。

（7）DJ13 - 1 直流发电机。

（8）DJ15 直流并励发电机。

（9）D42 三相调电阻。

（10）慢扫描示波器。

（11）万用表。

三、实训线路及原理

在许多生产机械的运行过程中，由于加工和运行的要求，使电动机经常处于起动、制动、反转的过渡过程中，因此起动和制动过程的时间在很大程度上决定了生产机械的生产效率。为缩短这一部分时间，仅采用 PI 调节器的转速负反馈单闭环调速系统，其性能还不能令人满意。双闭环直流调速系统是由电流和转速两个调节器进行综合调节，可获得良好的静、动态性能（两个调节器均采用 PI 调节器），由于调整系统的主要参量为转速，故将转速环作为主环放在外面，电流环作为副环放在里面，这样可以抑制电网电压扰动对转速的影响。实训系统的原理框图见图 9 - 2。

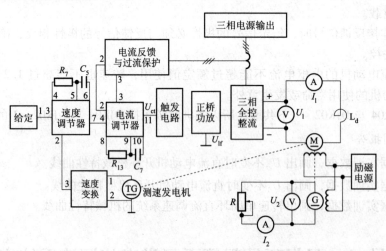

图 9 - 2 双闭环直流调速系统原理框图

起动时，加入给定电压 U_g，"速度调节器"和"电流调节器"即以饱和限幅值输出，使电动机以限定的最大起动电流加速起动，直到电动机转速达到给定转速（即 $U_g = U_{fn}$），并在出现超调后"速度调节器"和"电流调节器"退出饱和，最后稳定在略低于给定转速值下运行。

系统工作时，要先给电动机加励磁，改变给定电压 U_g 的大小，即可方便改变电动机的转速。"电流调速器""速度调节器"均设有限幅环节，"速度调节器"的输出作为"电流调节器"的给定。利用"速度调节器"的输出限幅值可达到限定起动电流的目的。"电流调速器"的输出作为"触发电路"的控制电压 U_{ct}，利用"电流调节器"的输出限幅可达到限制 α_{max} 的目的。

四、实训内容

（1）各控制单元的调试。

（2）测定电流反馈系数 β 和转速反馈系数 α。

（3）测定开环机械性特高、低转速时系统的闭环静态特性 $n = f(I_d)$。

（4）闭环控制特性 $n = f(U_g)$。

（5）观察、记录系统的动态波形。

五、预习要求

（1）阅读电力拖动自动控制系统教材中有关双闭环直流调速系统的内容，掌握双闭环直流调速系统的工作原理。

（2）理解 PI（比例积分）调节器在双闭环直流调速系统中的作用，掌握调节器参数的选择方法。

（3）了解调节器参数、反馈系数、滤波环节参数的变化对系统动、静态特性的影响。

六、思考题

（1）为什么双闭环直流调速系统中使用的调节器均为 PI 调节器？

（2）转速负反馈的极性如果接反会产生什么现象？

（3）双闭环直流调速系统中哪些参数的变化会引起电动机转速的改变？哪些参数的变化会引起电动机最大电流的变化？

七、实训方法

1. DJK02 和 DJK02 - 1 的"触发电路"调试

（1）打开 DJK01 总电源开关，操作"电源控制屏"上的"三相电网电压指示"开关，观察输入的三相电网电压是否平衡。

（2）将 DJK01"电源控制屏"上"调速电源选择开关"拨至"直流调速"侧。

（3）用 10 芯的扁平电缆，将 DJK02 的"三相同步信号输出"端和 DJK02 - 1 的"三相同步信号输入"端相连，打开 DJK01 - 1 电源开关，拨动"触发脉冲指示"钮子开关使"窄"的发光管亮。

（4）观察 A、B、C 三相锯齿波斜率调节电位器（在各观测孔左侧），使三相锯齿波斜率尽可能一致。

（5）将 DJK04 上的"给定"输出直接与 DJK02 - 1 上的移相控制电压 U_{ct} 相接，将给定开关 S_2 拨到接地位置（即 $U_{ct} = 0$），调节 DJK02 - 1 上的偏移电压电位器，用双踪示波器观察 A 相同步电压信号和"双脉冲观察孔"VT_1 的输出波形，使 $\alpha = 120°$。

（6）适当增加给定 U_g 的正电压输出，观测 DJK02 - 1 上的"脉冲观察孔"的波形，此时应观察到单窄脉冲和双窄脉冲。

（7）将 DJK02 - 1 面板上的 U_{lf} 端接地，用 20 芯的扁平电缆将 DJK02 - 1 的"正桥触发脉冲输出"端和 DJK02"正桥触发脉冲输入"端相连并将 DJK02"正桥触发脉冲"的 6 个开关拨至"通"，观察正桥 $VT_1 \sim VT_6$ 晶闸管门极和阴极之间的触发脉冲是否正常。

2. 双闭环调速系统的调试原则

（1）先单元、后系统，即先将单元的参数调好，然后才能组成系统。

（2）先开环、后闭环，即先使系统运行在开环状态，然后再确定电流和转速均为负反馈后，才可组成闭环系统。

（3）先内环、后外环，即先调试电流内环，然后调试转速外环。

（4）先调整稳定精度，后调整动态指标。

3. 控制单元调试

（1）移相控制电压 U_{ct} 调节范围的确定。直接将 DJK04 给定电压接入 DJK02 – 1 移相控制电压 U_{ct} 的输入端，"正桥三相全控整流"输出接电阻负载 R，负载电阻放在最大值，输出给定调到零（对于 DZSZ – 1，将输出电压调到最小位置，起动后再将输出线电压调到 200V）。

按下"起动"按钮，给定电压 U_g 由零调大，U_d 将随给定电压的增大而增大，当 U_g 超过某一数值 U_g' 时，U_d 的波形会出现缺相的现象，U_d 反而随 U_g 的增大而减小。一般可确定移相控制电压的最大允许值 $U_{ctmax} = 0.9U_g'$，即 U_g 的允许调节范围为 $0 \sim U_{ctmax}$。如果把输出限幅定为 U_{ctmax} 的话，那么"三相全控整流"输出范围就被限定，不会工作到极限值状态，从而保证 6 个晶闸管稳定工作。将结果记入表 9 – 4。

表 9 – 4　数据记录表

U_g'/V	
$U_{ctmax} = 0.9U_g'$	

将给定退到零，再按"停止"按钮切断电源，结束步骤。

（2）调节器的调零。将 DJK04 中"速度调节器"的所有输入端接地。再将 DJK08 中的可调电阻 120kΩ 接到"速度调节器"的"4""5"两端，用导线将"5""6"短接，使"电流调节器"成为 P（比例）调节器，调节面板上的调零电位器 RP_3，用万用表的毫伏挡测量电流调节器"7"端的输出，使调节器的输出电压尽可能接近于零。

将 DJK04 中"电流调节器的所有输出端接地，再将 DJK08 中的可调节电阻 13kΩ 接到"电流调节器"的"8""9"两端，用导线将"9""10"短接，使"电流调节器"成为 P（比例）调节器，调节面板上的调零电位器 RP_3，用万用表的毫伏挡测量电流调节器的"11"端，使调节器的输出电压尽可能接近零。

（3）调节器正、负限幅值的调整。把"速度调节器"的"5""6"短接线去掉，将 DJK08 中的可调电容 0.47μF 接入"5""6"两端，使调节器成为 PI（比例积分）调节器，然后将 DJK04 的给定输出端接到转速调节器的"3"端，当加一定的正给定时，调整负限幅电位器 RP_2，使之输出电压为 –6V，当调节器输入端加负给定时，调整正限幅电位器，使之输出电压 RP_1 为最小值即可。

把"电流调节器"的"9""10"短接线去掉，将 DJK08 中的可调电容 0.47μF 接入"9""10"，使调节器成为 PI（比例积分）调节器，然后将 DJK04 的给定输出端接到电流调节器的"4"端，当加正给定时，调整正限幅电位器 RP_2，使之输出电压为最小值即可，当调节器输入端加负给定时，调节正限幅电位器 RP_1，使电流调节器的输出正限幅为 U_{ctmax}。

（4）电流反馈系数的整定。直接将"给定"电压 U_g 接入 DJK02 – 1 移相控制电压 U_{ct} 的输入端，整流桥输入接电阻负载 R，负载电阻放在最大值，输出给定调到零。

按下"起动"按钮，从零增加给定使输出电压升高，当 $U_d = 220V$ 时减小负载的阻值，调节"电流反馈与电流保护"上的电流反馈电位器 RP_1，使得负载电流 $I_d = 1.3A$，"2"端的电流反馈电压 $U_{fi} = 6V$，这时的电流反馈系数 $B = U_{fi}/I_d = 4.615V/A$。

⑤转速反馈系数的整定。直接将"给定"电压 U_g 接到 DJK02-1 上的移相控制电压 U_{et} 的输入端，"三相全控整流"电路接直流电动机负载 L，调用 DJK02 上的 200mH，输出给定调到零。

按下"起动"按钮，接通励磁电源，从零逐渐增加给定，使电动机提速到 $n = 1500r/min$ 时，调节"速度变换"上的转速反馈电位器 RP_1，使得该转速使反馈电压 $U_{fn} = -6V$，这时的转速的反馈系数 $a = U_{fn}/n = 0.004V/(r/min)$。

4. 开环外特性的测定

（1）DJK02-1 控制电压 U_{et} 由 DJK04 上的给定输出 U_g 直接接入，"三相全控整流"电路接电动机，L_d 用 DJK02 上的 200mH，直流发电机接负载电阻 R，负载电阻放在最大值，输出给定调到零。

（2）按下"起动"按钮，先接通励磁电源，然后从零开始逐渐增加"给定"电压 U_g，使电动机起动升速，调节 U_g 和 R，使电动机电流 $I_d = I_{ed}$，转速达到 1200r/min。

（3）增大负载电阻 R 的阻值（即减小负载），可测出该系统的开环外特性 $n = f(I_d)$，记录于表 9-5 中。

表 9-5　数据记录表

$n = / (r/min)$							
I_d/A							

将给定退到零，断开励磁电源，按下"停止"按钮，结束实训。

5. 系统静特性测试

（1）按图 9-1 接线，DJK04 的给定电压 U_g 输出为正给定，转速反馈电压为负电压，直流发电机接负载电阻 R，I_d 用 DJK02 的 200mH，负载电阻放在最大值，给定的输出调到零。将速度调节器、电流调节器都接成 P（比例）调节器后接入系统，形成双闭环不可逆系统，按下"起动"按钮，接通励磁电源，增加给定，观察系统能否正常运行，确认整个系统的接线正确无误后，将"速度调节器""电流调节器"均恢复成 PI（比例积分）调节器，构成实训系统。

（2）机械特性 $n = f(I_d)$ 的测定。发电机先空载，从零开始逐渐增大给定电压 U_g，使电动机转速接近 $n = 1200r/min$，然后接入发电机负载电阻 R，逐渐改变负载电阻，直至 $I_d = L_{ed}$，即可测出系统的静态特性曲线 $n = f(I_d)$，并记录于表 9-6 中。

表 9-6　数据记录表

$n = / (r/min)$							
I_d/A							

降低 U_g，再测试 $n = 800r/min$ 时的静态特性曲线，并记录于表 9-7 中。

表9-7 数据记录表

$n=/$ (r/min)							
I_d/A							

闭环控制系统 $n=f(U_g)$ 的测定如下。

调节 U_g 及 R，使 $I_d=L_{ed}$、$n=1200$r/min，逐渐降低 U_g，记录 U_g 和 n，即可测出闭环控制特性 $n=f(U_g)$，并记录于表9-8中。

表9-8 数据记录表

$n/$ (r/min)							
I_d/A							

6. 系统动态特性的观察

用慢扫描示波器观察动态波形。在不同的系统参数下（"速度调节器"的增益和积分电容、"电流调节器"的增益和积分电容、"速度变换"的滤波电容），用示波器观察、记录下列动态波形。

（1）突加给定 U_g，电动机起动时的电枢电流 I_d（"电流反馈与过流保护"的"2"端）波形和转速 n（"速度变换"的"3"端）波形。

（2）突加额定负载（$20\%L_{ed} \Rightarrow 100\%L_{ed}$）时电动机的电枢电流波形和转速波形。

（3）突降负载（$100\%L_{ed} \Rightarrow 20\%L_{ed}$）时电动机的电枢电流波形和转速波形。

八、注意事项

（1）参见本教材实训项目一的注意事项

（2）在记录动态波形时，可先用双踪慢扫描示波器观察波形，以便找出系统动态特性较为理想的调节器参数，再用数字存储示波器或记忆示波器记录动态波形。

九、实训报告

（1）根据实训数据，画出闭环控制特性曲线 $n=f(U_g)$。

（2）根据实训数据，画出两种转速时的闭环机械特性 $n=f(I_d)$。

（3）根据实训数据，画出系统开环机械特性 $n=f(I_d)$，计算静差率，并与闭环机械特性比较。

（4）分析系统动态波形，讨论系统参数的变化对系统动、静态性能的影响。

项目三 晶闸管直流调速系统主要单元的调试实训

一、实训目的

（1）熟悉直流调整系统主要单元部件的工作原理及调速系统对其提出的要求。

（2）掌握直流调速系统主要单元部件的调试步骤和方法。

二、实训所需挂件及附件

（1）DJK01 电源控制屏。

（2）DJK04 电机调速控制实验Ⅰ。

（3）DJK08 可调电阻、电容箱。

（4）慢扫描示波器。

（5）万用表。

三、实训内容

（1）速度调节器的测试。

（2）电流调节器的测试。

（3）"零电平检测"及"转矩极性鉴别"的调试。

（4）反号器的测试。

（5）逻辑控制器的调试。

四、实训方法

将 DJK04 挂件的 10 芯电源与控制屏连接，打开计算机开关，即可以开始实训。

1. 速度调节器的测试

速度调节器原理如图 9-3 所示。

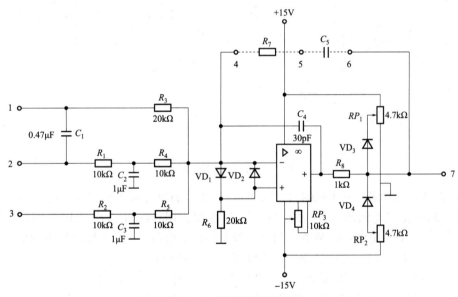

图 9-3 速度调节器原理

（1）调节器调零。将 DJK04 中"速度调节器"的所有接入端接地，再将 DJK08 中的可调电阻 0.47kΩ 接到"速度调节器"的"4""5"两端，用导线将"5""6"短接，"使电流调节器"成为 P（比例）调节器。调节面板上的调零电位器 RP_3，用万用表的毫伏挡测量电流调节器"7"端的输出，使调节器的输出电压尽可能接近于零。

（2）调整输出正、负限幅值。把"5""6"端接线去掉，将 DJK08 中的可调电容 0.47μF 接入"5""6"两端，使调节器成为 PI（比例积分）调节器，然后将 DJK04 的给定输出端接到转速调节器的"3"端，当加一定的正给定时调整负电幅电位器 RP_2，观察输出负电压变化，当调节器输入端加负给定时，调整正限幅电位器 RP_1，观察调节输出正电压变化。

（3）测定输入/输出特性。再将反馈网络中的电容短接（将 "5" "6" 端短接），使速度调节器为 P（比例）调节器，在调节器的输入端分别逐渐加入正、负电压，测出相应的输出电压，直至输出限幅，并画出特性曲线。

（4）观察 PI 特性。拆除 "5" "6" 短接线，突加给定电压，用慢扫描示波器观察输出电压的变化规律。改变调节器的放大倍数及反馈电容，观察输出电压的变化。

2. 电流调节器的调试

3. 电流调节器原理如图 9-4 所示

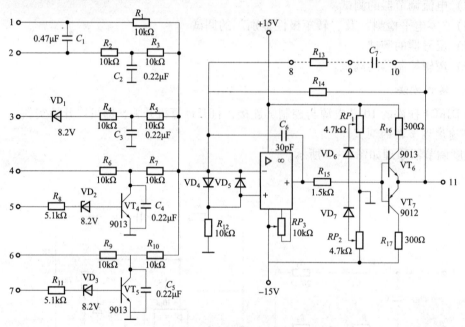

图 9-4 电流调节器原理

（1）调节器的调零。将 DJK04 中 "电流调节器" 的所有输入端接地，再将 DJK08 中的可调电阻 13kΩ 接 "电流调节器" 的 "8" "9" 两端，用导线将 "9" "10" 短接，使 "电流调节器" 成为 P（比例）调节器。调节面板上的调零电位器 RP_3，用万用表的毫伏挡测量电流调节器的 "11" 端，使调节器的输出电压尽可能接近零。

（2）调整输入正、负限幅值。把 "9" "10" 短接线去掉，将 DJK08 中的可调电容 0.47μF 接入 "9" "10" 两端，使调节器成为 PI（比例积分）调节器，然后将 DJK04 的给定输出端接到电流调节器的 "4" 端，当加正给定时，调整正限幅电位器 RP_2，观察输出负电压的变化，当调节器输入端加负给定时，调整正限幅电位器 RP_1，观察输出正电压的变化。

（3）测定输入输出特性。再将反馈网络中的电容短接（将 "9" "10" 端短接），使电流调节器成为 P 调节器，在调节器的输入端分别逐渐加入正负电压，测出相应的输出电压，直至输出限幅，并画出特征曲线。

（4）观察 PI 特性。拆除 "9" "10" 短接线，突加给定电压，用慢扫描示波器观察输出电压的变化规律。改变调节器的放大倍数及反馈电容，观察输出电压的变化。

4. "零电平检测"及"转矩极性鉴别"的调试

（1）测定"转矩极性鉴别"的环宽，要求环宽为 0.4 ~ 0.6V，记录高电平值，调节单元中的 RP_1，使特性满足其要求。"转矩极性鉴别"要求的环从 $-0.25V$ 到 $0.25V$。

转矩极性鉴别原理如图 9 - 5 所示，"转矩极性鉴别"具体调试方法如下。

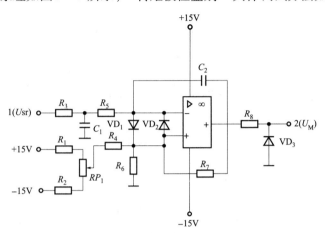

图 9 - 5　转矩极性鉴别器原理

调节给定 U_g，使"转矩极性鉴别"的"1"脚得到约 0.25V 的电压，调节电位器 RP_1，恰好使"2"端输出从"高电平"跃变为"低电平"。

调节负给定从 0V 起调，当转矩极性鉴别器的"2"从"低电平"跃变为"高电平"时，检测转矩极性鉴别器"1"端应为 $-0.25V$ 左右；否则应调整电位器，使"2"端电平变化时"1"端电压大小基本相等。

（2）测定"零电平检测"的环宽也为 0.4 ~ 0.6V，调节 RP_1，使回环沿纵坐标右侧偏离 0.2V，即环从 0.2V 到 0.6V。

零电平检测器原理如图 9 -- 6 所示，"零电平检测"具体调试方法如下。

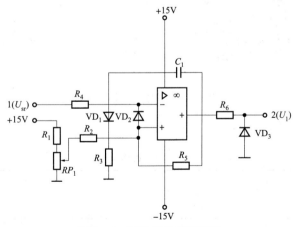

图 9 - 6　零电平检测器原理

调节给定 U_g，使"零电平检测"的"1"脚约为 0.6V 电压，调节电位器 RP_1，恰好使"2"端输出从"1"跃变为"0"。慢慢减小给定，当"零电平检测"的"2"端从"0"跃变为"1"时，检测"零电平检测"的"1"端应为 0.2V 左右；否则应调整电位器。

（3）根据测得数据，画出两个电平检测器的回环。

5. 反号器的调试

反号器原理如图 9 - 7 所示。

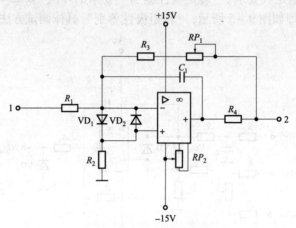

图 9 - 7　反号器原理图

测定输入端输出的比例，输出端加入 +5V 电压，调节 RP_1，使输出端为 -5V。

6. 逻辑控制的调试

逻辑控制器原理如图 9 - 8 所示。

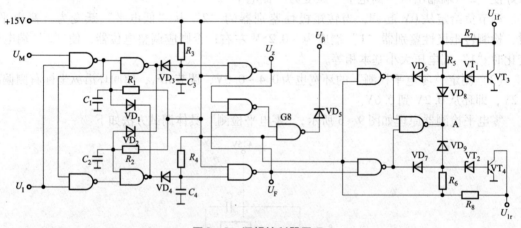

图 9 - 8　逻辑控制器原理

测逻辑控制功能，列出真值表，真值表应符合表 9 - 9。

表 9 - 9　真值表

输入	U_M	1	1	0	0	0	1
	U_I	1	0	0	1	0	0
输出	U_Z（U_{lf}）	0	0	0	1	1	1
	U_F（U_{lr}）	1	1	1	0	0	0

调节方法如下。

（1）首先将"零电平检测""转矩极性鉴别"调节到位，符合其特性曲线。给定接"转矩极性鉴别"的输入端，输出端接"逻辑控制"的 U_M。"零电平检测"的输出端接"逻辑控制"的 U_I，输入端接地。

（2）将给定的 RP_1、RP_2 电位器顺时针转到底，将 S_2 打到运行侧。

（3）将 S_1 打到正给定侧，用万用表测量"逻辑控制"的"3""6"和"4""7"端，"3""6"端输出应为高电平，"4""7"端输出应为低电平。此时将 DJK04 中给定部分 S_1 开关从正给定打到负给定侧，则"3""6"端输出从高电平跳变到低电平，"4""7"端输出也从低电平跳变为高电平。在跳变的过程中，用示波器观测"5"端输出的脉冲信号。

（4）将"零电平检测"的输入端接高电平，此时将 DJK04 中给定部分的 S_1 开关来回扳动，"逻辑控制"的输出应无变化。

五、实训报告

（1）画出各控制单元的调试连线图。

（2）简述各控制单元的调试要点。

项目四　逻辑无环流可逆直流调速系统实训

一、实训目的

（1）了解、熟悉逻辑无环流可逆直流调速系统的原理和组成。

（2）掌握各控制单元的原理、作用及调试方法。

（3）掌握逻辑无环流可逆直流调速系统的调试步骤和方法。

（4）了解逻辑无环流可逆直流调速系统的静态特性和动态特性。

二、实训所需挂件及附件

（1）DJK01 电源控制屏。

（2）DJK02 晶闸管主电路。

（3）DJK02-1 三相晶闸管触发电路。

（4）DJK04 电动机调速控制实验 Ⅰ。

（5）DJK04-1 电动机调速控制实验 Ⅱ（参照附图5）

（6）DJK08 可调电阻、电容箱。

（7）DD03-2 电动机导轨、测速发电机及转速表。

（8）DJ13-1 直流发电机。

（9）DJ15 直流并励电动机。

（10）D42 三相可调电阻。

（11）慢扫描示波器。

（12）万用表。

三、实训线路及原理

在此之前的晶闸管直流调速系统实训中，由于晶闸管的单向导电性，用一组晶闸管对电动机供电，只适用于不可逆运行。而在某些场合中，既要求电动机能正转，同时也要求其能反转，并要求在减速时产生制动转矩，加快制动时间。

要改变电动机的转向有以下两种方法：一是改变电动机电枢电流的方向；二是改变励磁电流的方向。由于电枢回路的电感量比励磁回路要小，使得电枢回路有较小的时间常数，可满足某些设备对频繁起动、快速制动的要求。

本实训的主回路由正桥及反桥反向并联组成，并通过逻辑控制正桥和反桥的工作与关闭，并保证在同一时刻只有一组桥路工作，另一组桥路不工作，这样就没有环流产生。由于没有环流，主回路不需要再设置平衡电抗器，但为了限制整流电压幅值和尽量使整流电流连续，仍然保留了平波电抗器。

该控制系统主要由"速度调节器""电流调节器""反号器""转矩极性鉴别""零电平检测""逻辑控制""速度变换"等环节组成。其系统原理框图如图9-9所示。

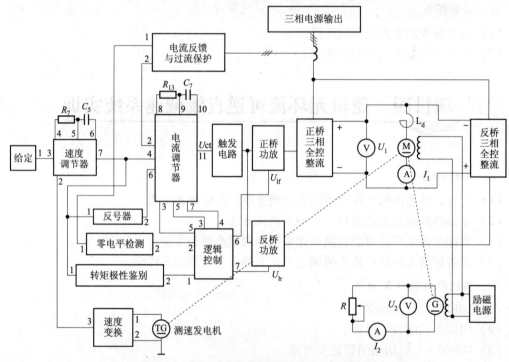

图9-9　逻辑无环流可逆直流调速系统原理图

正向起动时，给定电压 U_g 为正电压，"逻辑控制"的输出端 U_{lf} 为"0"态，U_{lr} 为"1"态，即正桥触发脉冲开通，反桥触发脉冲封锁，主回路"正桥三相全控整流"工作，电动机正向运转。

当 U_g 反向后，整流装置进入本桥逆变状态，而 U_{lf}、U_{lr} 不变，当主回路电流减小并过零后，U_{lf}、U_{lr} 输出状态转换，U_{lf} 为"1"态，U_{lr} 为"0"态，即进入它桥制动状态，使电动机降速至设定的转速后，再切换成反向电动运行；当 $U_g = 0$ 时，则电动机停转。

反向运行时，U_{lf} 为"1"态，U_{lr} 为"0"态，主电路"反桥三相全控整流"工作。

"逻辑控制"的输出取决于电动机的运行状态，正向运转，正转制动本桥逆变及反转制动它桥逆变状态，U_{lf} 为"0"态，U_{lr} 为"1"态，保证了正桥工作，反向封锁；反向运转，反转制动本桥逆变，正转制动它桥逆变阶段，则 U_{lf} 为"1"态，U_{lr} 为"0"态，正桥被封锁，反桥触发工作。由于"逻辑控制"的作用，在逻辑无环流可逆系统中保证了任何情况下两组整流桥都不会同时触发，一组触发工作时，另一组便被封锁。因此，系统工作过程中既无直流环流也无脉冲环流。

四、实训内容

（1）控制单元调试。

（2）系统调试。

（3）正/反转机械特性 $n = f(I_d)$。

（4）正/反转闭环控制特性 $n = f(U_g)$ 的测定。

（5）系统动态特性的观察。

五、预习要求

（1）阅读电力拖动自动控制系统教材中有关逻辑无环流可逆调速系统的内容，熟悉系统原理图和逻辑无环流可逆调速系统的工作原理。

（2）掌握逻辑控制器的工作原理及其在系统中的作用。

六、思考题

（1）逻辑环流可逆调速系统对逻辑控制有何要求？

（2）思考逻辑无环流可逆调速系统中"推 β"环节的组成原理和作用如何？

七、实训方法

1. DIK01 和 DJK02 - 1 上的"触发电路"调试

（1）打开 DJK01 总电源开关，操作"电源控制屏"上的"三相电网电压指示"开关，观察输入的三相电网电压是否平衡。

（2）将 DJK"电源控制屏"上的"调速电源选择开关"拨至"电流调速"侧。

（3）用 10 芯的扁平电缆将 DJK02 的"三相同步信号输出"端和 SJK02 - 1"三星同步信号输入"端相连，打开 DJK02 - 1 电源开关，拨至"触发脉冲指示"钮子开关，使"窄"的发光管亮。

（4）观察 A、B、C 三相的锯齿波，并调节 A、B、C 三相锯齿波斜率，调节电位器（在各观测孔左侧），使三相锯齿波斜率尽可能一致。

（5）将 SJK04 上的"给定"输出 U_g 直接与 DJK02 - 1 上的移相控制电压 U_{ct} 相接，将给定开关 S_2 拨到接地位置（即 $U_{ct} = 0$），调节 DJK02 - 1 上的偏移电压电位器，用双踪示波器观察 A 相同步电压信号和"双脉冲观察孔" VT_1 的输出波形，使 $\alpha = 170$。

（6）适当增加给定 U_g 的正电压输出，观察 DJK02 - 1 上"脉冲观察打孔"的波形，此时应观测到单窄脉冲和双窄脉冲。

（7）将 DJK02 - 1 面板上的 U_{1f} 端接地，用 20 芯的扁平电缆将 DJK02 - 1 的"正/反桥触发脉冲输出"端和 DJK02"正/反桥触发脉冲输入"端相连，分别将 DJK02 正桥和反桥触发脉冲的 6 个开关拨至"通"，观察正桥 $VT_1 \sim VT_6$ 和反桥 $VT_1' \sim VT_6'$ 的晶闸管的门极口和阴极之间的触发脉冲是否正常。

2. 逻辑无环流调速系统调试原则

（1）先单元、后系统，即先将单元的参数调好，然后才能组成系统。

（2）先开环、后闭环，即先使系统运行在开环状态，然后在确定电流和转速均为负反馈后才可组成闭环系统。

（3）先双闭环、后逻辑无环流，即先使正/反桥的双闭环正常工作，然后再组成逻辑无环流。

（4）先调整稳态精度，后调动态指标。

3. 控制单元调试

（1）移相控制电压 U_{ct} 调节范围的确定。直接将 DJK04 给定电压 U_g 接入 DJK02-1 移相控制电压 U_{ct} 输入端，"正桥三相全控整流"输出接电阻负载 R，负载电阻放在最大值，输出给定调到零。

按下"起动"按钮，给定电压 U_g 由零调大，U_d 将随给定电压的增大而增大，当 U_g 超过某一数值 U_g' 时，U_d 的波形出现缺相的现象，这时 U_d 反而随 U_g 的增大而减小，一般可确定移相控制电压的最大允许值 $U_{ctmax} = 0.9U_g'$，即 U_g 的允许调节范围为 $0 \sim U_{ctmax}$。如果把输出限幅定为 U_{ctmax} 的话，那么"三相全控整流"输出范围就被限定，不会工作到极限值状态，从而保证 6 个晶闸管可靠工作。将 U_g' 的数据记录于表 9-10 中。

表 9-10　数据记录表

U_g'/V	
$U_{ctmax} = 0.9U_g'$	

将给定退到零，再按"停止"按钮，结束步骤。

（2）调节器的调零。将 DJK04 中"速度调节器"的所有输入端接地，再将 DJK08 中可调电阻 120kΩ 接到"速度调节器"的"4""5"两端，用导线将"5""6"短接，使"电流调节器"成为 P（比例）调节器。调节面板上的调零电位器 RP_3，用万用表的毫伏挡测量电流调节器"7"端的输出，使调节器的输出电压尽可能接近于零。

将 DJK04 中"速度调节器"的所有输入端接地，再将 DJK08 中的可调电阻 13kΩ 接到"电流调节器"的"8""9"两端，用导线将"9""10"短接，使"电流调节器"成为 P（比例）调节器。调节面板上的调零电位器 RP_3，用万用表的毫伏挡测量电流调节器"11"端的输出，使调节器的输出电压尽可能接近于零。

（3）调节器正、负限幅值的调整。把"速度调节器"的"5""6"短接线去掉，将 DJK08 中的可调电容 0.47μF 接入"5""6"两端，使调节器成为 PI（比例积分）调节器，然后将 DJK04 给定的输出端接到转速调节器"3"端，当加一定的正给定时，调整正限幅电位器 RP_1，使之输出电压为 +6V。

把电流调节器的"9""10"短接线去掉，将 DJK08 中的可调电容 0.47μF 接入"9""10"两端，使调节器成为 PI（比例积分）调节器，然后将 DJK04 给定的输出端接到转速调节器"4"端，当加一定的正给定时，调整正限幅电位器 RP_2，使之输出电压为最小即可，当调节器输入端为负给定时，调整正限幅电位器 RP_1，使电流调节器的正限幅为 U_{ctmax}。

（4）转矩极性鉴别的调试。"转矩极性鉴别"的输出有下列要求：电动机正转时，输出 U_M 为"1"态；电动机反转时，输出 U_M 为"0"态。

将给定输出端接至"转矩极性鉴别"的输入端，同时在输入端接上万用表以监视输入电压的大小，示波器探头接至"转矩极性鉴别"的输入端，观察其输出高、低电平的变化。"转矩极性鉴别"的输入/输出特性应满足图 9-5 所示要求，其中 $U_{sr1} = -0.25V$，$U_{sr2} = +0.25V$。

（5）零电平检测。其输出应有下列要求。

当主回路电流接近零时，输出 U_I 为 "1"；当主回路电流时，输出 U_I 为 "0" 态。

其调整方法与 "转矩极性鉴别" 的调整方法相同，输入/输出特性应满足图 9-6 所示要求，$U_{sr1} = -0.2V$，$U_{sr2} = +0.6V$。

（6）反号器的调试。首先调零（在出厂前反号器已调零，如果零漂比较大的话，用户可自行将挂件打开调零），将反号器输入端 "1" 接地，用万用表的毫伏挡测量 "2" 端，观察输出是否为零，如果不为零，则调节线路板上的电位器使其为最小值。

然后测定输入/输出的比例，将反号器输入端 "1" 接 "给定"，调节 "给定" 输出为 5V 电压，用万用表测量 "2" 端，看输出是否等于 -5V 的电压，如果两者不等，则通过调节 RP_1 使输出等于负的输入。再调节 "给定" 电压使输出为 -5V 的电压，观测反号器输出是否为 5V。

（7）"逻辑控制" 的调试。测试逻辑功能，列出真值表，真值表应符合表 9-11。

表 9-11　真值表

输入	U_M	1	1	0	0	0	1
	U_I	1	0	0	1	0	0
输出	U_Z (U_{lf})	0	0	0	1	1	1
	U_F (U_{lr})	1	1	1	0	0	0

调试方法如下。

首先将 "零电平检测" "转矩极性鉴别" 调节到位，符合其特性曲线。"给定" 电压接 "转矩极性鉴别" 的输入端，输出端接 "逻辑控制" 的 U_M。"零电平检测" 的输出端接 "逻辑控制" 的 U_I，输入端接地。

将给定的 RP_1、RP_2 电位器顺时针旋到底，将 S_2 打到 "运行" 侧。

将 S_1 打到正 "给定" 侧，用万用表测量 "逻辑控制" 的 "3" "6" 和 "4" "7" 端，"3" "6" 端输出应为高电平，"4" "7" 端输出应为低电平，此时将 DJK04 中给定部分 S_1 开关从正给定打到负给定侧，则 "3" "6" 端输出从高电平跳变为低电平，"4" "7" 端也从低电平跳变为高电平。在跳变的过程中的 "5"，此时用示波器观测应出现脉冲信号。

将 "零电平检测" 的输出端接高电平，此时将 DJK04 中给定部分 S_1 开关来回扳动，"逻辑控制" 的输出应无变化。

（8）转速反馈系数 α 和电流反馈系数 β 的整定。直接将给定电压 U_g 接入 DJK02-1 上的移相控制电压 U_{ct} 的输入端，整流桥接电阻负载，测量负载电流和电流反馈电压，调节 "电流反馈与过流保护" 上的电流反馈电位器 RP_1，使得负载电流 $I_d = 1.3A$ 时，"电流反馈与过流保护" 的 "2" 端电流反馈电压 $U_{fi} = 6V$，这时的电流反馈系数 $\beta = U_{fi}/I_d = 4.615V/A$。

直接将 "给定" 电压 U_g 接入 DJK02-1 移相控制电压 U_{ct} 的输入端，"三相全控整流" 电路接直流电动机作负载，测量直流电动机的转速和转速反馈电压值，调节 "速度变换" 上的转速反馈电位器 RP_1，使得 $n = 1500r/min$ 时，转速反馈电压 $U_{fn} = -6V$，这时的转速反馈系数 $\alpha = U_{fn}/n = 0.004V/(r/min)$。

4. 系统调试

根据图 9-9 的接线，组成逻辑无环流可逆直流调速实训系统，首先将控制电路接成开环（即 DJK02-1 的移相控制电压 U_{ct} 由 DJK04 的 "给定" 直接提供），要注意的是 U_{lf}、U_{lr}

不可同时接地，由于正桥和反桥是同时相连的，当加上给定电压时会使正桥和反桥的整流电路同时开始工作，后果是两个整流电路同时发生短路，电流迅速增大，要么 DJK04 上的过流保护报警跳闸，要么烧毁保护晶闸管的熔丝，甚至还有可能会烧坏晶闸管。所以较好的方法是正桥和反桥分别进行测试。先将 DJK02 – 1 的 U_{1f} 接地，U_{1r} 悬空，慢慢增加 DJK04 的给定值，使电动机开始提速，观测 "三相全控整流" 的输出电压是否能达到 250V 左右（这段时间一定要短，以防止电动机转速过高）。然后 DJK02 – 1 的 U_{1r} 接地，U_{1f} 悬空，同样慢慢增加 DJK04 的给定电压值，使电动机开始提速，观测整流的输出电压是否能达到 250V 左右。

开环测试好后，开始测试双闭环（与前面的原因一样，U_{1f}、U_{1r} 不可同时接地）。DJK02 – 1 的移相控制电压 U_{ct} 由 DJK04 "电路调节器" 的 "10" 端提供，先将 DJK02 – 1 的 U_{1f} 接地，U_{1r} 悬空，慢慢增加 DJK04 的给定值，观测电动机是否受控制（速度随给定的电压变化而变化）。正桥测试好后，再测试反桥，使 DJK02 – 1 的 U_{1r} 接地，U_{1f} 悬空，同样观测电动机是否受控制（要注意的是，转速反馈的极性必须反一下，否则电动机会失控）。如果开环和闭环中正、反两桥都没有问题的话，那么就可以开始逻辑无环流的实训了。

5. 机械特性 $n = f(I_d)$

当系统正常运行后，改变给定电压，测出并记录当 n 分别为 1200r/min、800r/min 时的正、反转机械特性 $n = f(I_d)$，方法与双闭环实训相同。实训时，将发电机的负载 R 逐渐增加（减小电阻 R 的阻值），使电动机负载从轻载增加到直流并励电动机的额定负载 $I_d = 1.1A$。将实训数据记录于表 9 – 12 和表 9 – 13 中。

表 9 – 12　数据记录表（正转）

$n/$ (r/min)	1200						
I_d/A							
$n/$ (r/min)	800						
I_d/A							

表 9 – 13　数据记录表（反转）

$n/$ (r/min)	1200						
I_d/A							
$n/$ (r/min)	800						
I_d/A							

6. 闭环控制特性 $n = f(U_g)$

从正转开始逐步增加负给定电压，将实训数据记录于表 9 – 14 中。

表 9 – 14　数据记录表

$n/$ (r/min)							
U_g/V							

从反转开始逐步增加负给定电压，将实训数据记录于表 9 – 15 中。

表 9 – 15　数据记录表

$n/$ （r/min）							
U_g/V							

7. 系统动态波形的观察

用双踪慢扫描示波器观察电动机电枢电流 I_d 和转速 n 的动态波形，两个探头分别接至"电流反馈与过流保护"的"2"端和"速度变换"的"3"端。

（1）给定值阶跃变化（正向启动→正向停车→反向启动→反向切换到正向→正向切换到反向→反向停车）时的 I_d、n 的动态波形。

（2）改变电流调节器和速度调节器的参数，观察动态波形的变化。

八、注意事项

（1）参见本教材实训的注意事项。

（2）在记录动态波形时，可先用双踪慢扫描示波器观察波形，以便找出系统动态特性较为理想的调节器参数，再用数字存储式示波器记录动态波形。

（3）实训时，应保证"逻辑控制"工作逻辑正确后才能使系统正反/向切换运行。

九、实训报告

（1）根据实训结果，画出正/反转闭环控制特性曲线 $n = f(U_g)$。

（2）根据实训结果，画出两种转速时的正/反转闭环机械特性 $n = f(I_d)$，并计算静差率。

（3）分析速度调节器、电流调节器参数变化对系统动态过程的影响。

（4）分析电动机从正转切换到反转过程中，电动机经历的工作状态、系统能量转换情况。

项目五　双闭环三相异步电动机调压调速系统实训

一、实训目的

（1）了解并熟悉双闭环三相异步电动机调压调速系统的原理及组成。

（2）了解转子串电阻的绕线式异步电动机在调节定子电压调速时的机械特性。

（3）通过测定系统的静态特性和动态特性，进一步理解交流调压系统中电流环和转速环的作用。

二、实训所需挂件及附件

（1）DJK01 电源控制屏。

（2）DJK02 晶闸管主电路。

（3）DJK02 – 1 三相晶闸管触发电路。

（4）DJK04 电动机调速控制实验 Ⅰ 。

（5）DJK08 可调电阻、电容箱。

（6）DD03 – 2 电动机导轨、测速发电机及转速表。

（7）DJ13 - 1 直流发电机。

（8）DJ17 三相线绕式异步电动机。

（9）DJ17 - 2 线绕式异步电动机转子专用箱。

（10）D42 三相可调电阻。

（11）慢扫描示波器。

（12）万用表。

三、实训线路及原理

异步电动机采用调压调速时，由于同步转速不变和机械特性较硬，因此对普通异步电动机来说其调速范围很有限，无实用价值，而对于力矩电动机或线绕式异步电动机，在转子中串入适当的电阻后使机械特性变软，其调速范围有所扩大，但在负载或电网电压波动的情况下，其转速波动严重，为此常采用双闭环调速系统。

双闭环三相异步电动机调压调速系统的主电路由三相晶闸管交流调压器及三相绕线式异步电动机组成，控制部分由"电流调节器""速度变换""触发电路""正桥功放"等组成。其系统原理框图如图 9 - 10 所示。

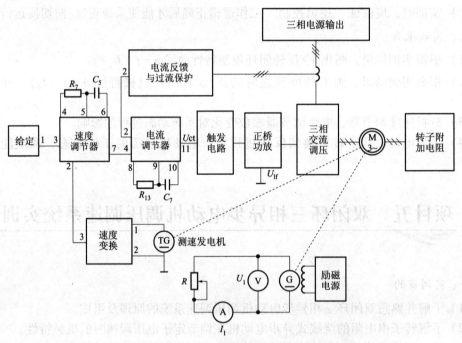

图 9 - 10 三相异步电动机调压调速系统原理框图

整个调速系统采用了速度、电流两个反馈控制环。这里的速度环作用基本上与直流调速系统相同，而电流环的作用则有所不同。在稳定运行的情况下，电流环对电网扰动仍有较大的抗扰作用，但在起动过程中电流环仅起限制最大电流的作用，不会出现最佳起动的恒流特性，也不可能是恒转矩起动。

异步电动机调压调速系统结构简单，采用双闭环系统时静差较小，且比较容易实现正/反转、反接和能耗制动。但在恒转矩负载下不能长时间低速运行，因为低速运行时转差功率 $P_s = SP_M$ 全部消耗在转子电阻中，会使转子过热。

四、实训内容

(1) 测定三相绕线式异步电动机转子串电阻时的机械特性。

(2) 测定双闭环交流调压调速系统的静态特性。

(3) 测定双闭环交流调压调速系统的动态特性。

五、预习要求

(1) 复习电力电子技术、交流调速系统教材中有关三相晶闸管调压电路和异步电动机晶闸管调压调速系统的内容，掌握调压调速系统的工作原理。

(2) 学习有关三相晶闸管触发电路的内容，了解三相交流调压电路对触发电路的要求。

六、思考题

(1) 在本实训中，三相绕线式异步电动机转子回路串接电阻的目的是什么？不串电阻能否正常运行？

(2) 为什么交流调压调速系统不宜用于长期处于低速运行的生产机械和大功率设备上？

七、实训方法

1. DJK02 和 DJK02 - 1 上的"触发电路"调试

(1) 打开 DJK01 总电源开关，操作"电源控制屏"上的"三相电网电压指示"开关，观察输入的三相电网电压是否平衡。

(2) 将 DJK01"电源控制屏"的上"调速电源选择开关"拨至"交流调速"侧。

(3) 用 10 芯的扁平电缆将 DJK02 的"三相同步信号输出"端和 DJK02 - 1 的"三相同步信号输入"端相连，打开 DJK02 - 1 电源开关，拨动"触发脉冲指示"钮子开关，使"窄"的发光管亮。

(4) 观察 A、B、C 三相的锯齿波，并调节 A、B、C 三相锯齿波斜率，调节电位器（在各观测孔左侧），使三相锯齿波斜率尽可能一致。

(5) 将 DJK04 上的"给定"输出 U_g 直接与 DJK02 - 1 上的移相控制电压 U_{ct} 相接，将给定开关拨到接地位置（即 $U_{ct} = 0$），调节 DJK02 - 1 上的偏移电压电位器，用双踪示波器观察 A 相同步电压信号和"双脉冲观察孔"VT_1 的输出波形，使 $\alpha = 170°$。

(6) 适当增加给定 U_g 的正电压输出，观察 DJK02 - 1 上"脉冲观察孔"的波形，此时应观测到单窄脉冲和双窄脉冲。

(7) 将 DJK02 - 1 面板上的 U_{lf} 端接地，用 20 芯的扁平电缆将 DJK02 - 1 的"正桥触发脉冲输出"端和 DJK02"正桥触发脉冲输入"端相连，并将 DJK02"正桥触发脉冲"的 6 个开关拨至"通"位置，观察正桥 $VT_1 \sim VT_6$ 晶闸管门极和阴极之间的触发脉冲是否正常。

2. 控制单元调试

(1) 调节器的调零。将 DJK4 中"速度调节器"的所有输入端接地，再将 DJK08 中的可调电阻 120kΩ 接到"速度调节器"的"4""5"两端，用导线将"5""6"短接，使"电流调节器"成为 P（比例）调节器。调节面板上的调零电位器 R，用万用表的毫伏挡测量电流调节器"7"端的输出，使调节器的输出电压尽可能接近于零。

将 DJK04 中"电流调节器"的所有输入端接地，再将 DJK08 中的可调电阻 13kΩ 接到"电流调节器"的"8""9"两端，用导线将"9""10"短接，使"电流调节器"成为 P（比例）调节器。调节面板上的调零电位器 RP_3，用万用表的毫伏挡测量"电流调节器"的"11"端，使调节器的输出电压尽可能接近于零。

（2）调节器正、负限幅值的调整。直接将 DJK04 的给定电压 U_g 接入 DJK02 – 1 移相控制电压 U_{ct} 的输入端，三相交流调压输出的任意两路接一电阻负载（D42 三相可调电阻），放在阻值最大位置，用示波器观察输出的电压波形。当给定电压 U_g 由零调大时，输出电压 U 随给定电压的增大而增大，当超过某一数值 U_g' 时，U 的波形接近正弦波，一般可确定移相控制电压的最大允许值 $U_{ctmax} = U_g'$，即允许调节范围为 $0 \sim U_{ctmax}$。将数据记录于表 9 – 16 中。

表 9 – 16　数据记录表

U_g'	
$U_{ctmax} = U_g'$	

把"速度调节器"的"5""6"短接线去掉，将 DJK08 中的可调电容 $0.47\mu F$ 接入"5""6"两端，使调节器成为 PI（比例积分）调节器，然后将 DJK04 给定的输出端接到转速调节器"3"端，当加一定的正给定时，调整正限幅电位器 RP_2，使之输出电压为 $-6V$，当调节器输入端为负给定时，调整正限幅电位器 RP_1，使之输出电压为最小值即可。

把电流调节器的"9""10"短接线去掉，将 DJK08 中的可调电容 $0.47\mu F$ 接入"9""10"两端，使调节器成为 PI（比例积分）调节器，然后将 DJK04 给定的输出端接到转速调节器"4"端，当加一定的正给定时，调整正限幅电位器 RP_2，使之输出电压为最小即可，当调节器输入端为负给定时，调整正限幅电位器 RP_1，使电流调节器的正限幅为 U_{ctmax}。

（3）电流反馈鉴定。直接将 DJK04 的给定电压 U_g 接入 DJK02 – 1 移相控制电压 U_{ct} 的输入端，三相交流调压输出接三相线绕式异步电动机，测量三相线绕式异步电动机单相的电流值和电流反馈电压，调节"电流反馈与过流保护"上的电流反馈电位器 RP_1，使电流 $I_e = 1A$ 时的电流反馈电压为 $U_{fi} = 6V$。

（4）转速反馈的整定。直接将 DJK04 的给定电压 U_g 接入 DJK02 – 1 移相控制电压 U_{ct} 的输入端，输出接三相线绕式异步电动机，测量电动机的转速值和转速反馈电压值，调节"速度变换"电位器 RP_1，使 $n = 1300 r/min$ 时的转速反馈电压为 $U_{fn} = -6V$。

3. 机械特性 $n = f(T)$ 测定

（1）将 DJK04 的"给定"电压输出直接接至 DJK02 – 1 上的移相控制电压，电动机转子回路接 DJ17 – 2 转子电阻专用箱，只留发电机接负载电阻 R（D42 三相可调电阻，将两个 900Ω 接成串联形式），并将给定的输出调到零。

（2）直流发电机先轻载，然后调节转速给定电压电动机的端电压为 U_e。

转矩可按下式计算，即

$$T = 9.55 \times \frac{(I_g U_g + I_g R_a + P_0)}{n} \tag{9－1}$$

式中　T——三相线绕式异步电动机电磁转矩，$N \cdot m$；

I_g——直流发电机电流，A；

U_g——直流发电机电压，V；

R_a——直流发电机电枢电阻，Ω；

P_0——机组空载损耗。

（3）降低电动机端电压，在2/3U_e时重复上述实训，以取得一组机械特性。

在输出电压为U_e时，将数据记录于表9－17中。

表9－17　数据记录表

$n/$（r/min）							
$U_2 = U_g$/V							
$I_2 = I_g$/A							
T/N·m							

在输出电压为2/3U_e时，将数据记录于表9－18中。

表9－18　数据记录表

$n/$（r/min）							
$U_2 = U_g$/V							
$I_2 = I_g$/A							
T/Nm							

4. 系统调试

（1）确定"电流调节器"和"速度调节器"的限幅值和电流、转速反馈的极性。

（2）将系统接成双闭环调压调速系统，电动机转子回路仍每相串接3Ω左右电阻。

5. 系统闭环特性的测定

（1）调节U_g使转速至$n = 1200$r/min，从轻载按一定间隔调到额定负载，测出闭环静态特性$n = f$（T），将数据记录于表9－19中。

表9－19　数据记录表

$n/$（r/min）	1200						
$U_2 = U_g$/V							
$I_2 = I_g$/A							
T/Nm							

（2）测出$n = 800$r/min时的系统闭环静态特性$n = f$（T），T可由式（9－1）计算得出，将数据记录于表9－20中。

表9－20　数据记录表

$n/$（r/min）	800						
$U_2 = U_g$/V							
$I_2 = I_g$/A							
T/Nm							

6. 系统动态特性的观察

用慢扫描示波器观察，可以观察到以下所述的波形。

(1) 突加给定起动电机时的转速 n（"速度变换"的"3"端）和电流 I（"电流反馈与过流保护"的"2"端）及"速度调节器"输出"6"端的动态波形。

(2) 电动机稳定运行，突加、突减负载（$20\%I_e \Rightarrow 100\%I_e$）时的 n、I 的动态波形。

八、注意事项

(1) 在做低速实训时，实训时间不宜过长，以免电阻器过热而引起串接电阻数值的变化。

(2) 转子每相串接电阻为 3Ω 左右，可根据需要进行调节，以便系统有较好的性能。

(3) 计算转矩 T 时用到的机组空载损耗 P_0 为 5W 左右。

九、实训报告

(1) 根据实训数据，画出开环时电机的机械特性曲线 $n=f(T)$。

(2) 根据实训数据，画出闭环系统静态特性曲线 $n=f(T)$，并与开环特性进行比较。

(3) 根据记录下的动态波形分析系统的动态过程。

项目六 双闭环三相异步电动机串级调速系统实训

一、实训目的

(1) 熟悉双闭环三相异步电动机串级调速系统的组成及工作原理。

(2) 掌握串级调速系统的调试步骤及方法。

(3) 了解串级调速系统的静态与动态特性。

二、实训所需挂件及附件

(1) DJK01 电源控制屏。

(2) DJK02 晶闸管主电路。

(3) DJK02-1 三相晶闸管触发电路。

(4) DJK04 电动机调速控制实验 I。

(5) DJK08 可调电阻、电容箱。

(6) DJK10 变压器实训。

(7) DD03-2 电动机导轨、测速发电机及转速表。

(8) DJ13-1 直流发电机。

(9) D42 三相可调电阻。

(10) 慢扫描示波器。

(11) 万用表。

三、实训线路及原理

异步电动机串级调速系统是较为理想的节能调速系统，采用电阻调速时转子损耗为 $P_s = sP_m$，这说明了随着 s 的增大效率 η 降低，如果能把转差功率 p_s 的一部分回馈到电网，就可以提高电机调速时的效率，串级调速系统采用了在转子回路中附加电势的方法，通常使用的方法是将转子三相电动势经二极管三相桥式不控整流得到一个直流电压，由晶闸管有源逆变电路来改变转子的反电动势，从而方便地实现无级调速，并将多余的能量回馈至电网，这是一种比较经济的调速方法。

本系统为晶闸管双闭环串级调速系统，控制系统由"速度调节器""电流调节器""触发电路""正桥功放""速度变换"等组成。其系统原理框图如图9－11所示。

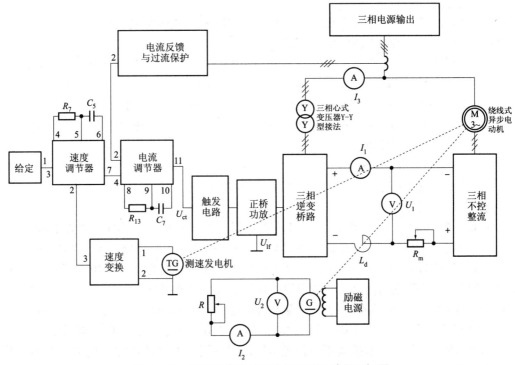

图9－11　三相异步电动机串级调速系统原理框图

四、实训内容

（1）控制单元及系统调试。

（2）测定开环串级调速系统的静态特征。

（3）测定双闭环串级调速系统的静态特征。

（4）测定双闭环串级调速系统的动态特征。

五、预习要求

（1）复习电力拖动自动控制系统（交流调速系统）教材中有关异步电动机晶闸管串级调速系统的内容，掌握串级调速系统的工作原理。

（2）掌握串级调速系统中逆变变压器二次侧绕组额定相电压的计算方法。

六、思考题

（1）如果逆变装置的控制角 $\beta > 90°$ 或 $\beta < 30°$，则主电路会出现什么现象？为什么要对逆变角 β 的调节范围作一定的要求？

（2）串级调速系统的开环机械特性为什么比电动机本身固有特性软？

七、实训方法

1. DJK02 和 DJK02－1 上的"触发电路"调试

（1）打开 DJK01 总开关电源，操作"电源控制屏"上的"三相电网电压指示"开关，观察输入的三相电网电压是否平衡。

（2）将 DJK01 "电源控制屏" 上的 "调速电源选择开关" 拨至 "直流调速" 侧。

（3）用 10 芯的扁平电缆将 DJK02 的 "三相同步信号输出" 端和 DJK02-1 的 "三相同步信号输入" 端相连，打开 DJK02-1 电源开关，拨动 "触发脉冲指示" 钮子开关，使 "窄" 的发光管亮。

（4）观察 A、B、C 三相的锯齿波，并调节 A、B、C 三相锯齿波斜率，调节电位器（在各观测孔左侧），使三相锯齿波斜率尽可能一致。

（5）将 DJK04 上的 "给定" 输出 U_g 直接与 DJK02-1 上的移相控制电压 U_{ct} 相接，将给定开关 S_2 拨到接地位置（即 $U_{ct}=0$），调节 DJK02-1 上的偏移电压电位器，用双踪示波器观察 A 相同步电压信号和 "双脉冲观察孔" VT_1 的输出波形，使 $\alpha=170°$。

（6）适当增加给定 U_g 的正电压输出，观测 DJK02-1 上 "脉冲观察孔" 的波形，此时应观测到单窄脉冲和双窄脉冲。

（7）将 DJK02-1 面板上的 U_{1f} 端接地，用 20 芯的扁平电缆将 DJK02 的 "正桥触发脉冲" 拨至 "通"，观察正桥 $VT_1 \sim VT_6$ 晶闸管门极和阴极之间的触发脉冲是否正常。

2. 控制单元调试

（1）调节器的调零。将 DJK04 中 "速度调节器" 的所有输入端接地，再将 DJK08 中的可调电阻 120kΩ 接到 "速度调节器" 的 "4"、"5" 两端，用导线将 "5" "6" 短接，使 "电流调节器" 成为 P（比例）调节器。调节面板上的调零电位器 RP_3，用万用表的毫伏挡测量电流调节器 "7" 端的输出，使调节器的输出电压尽可能接近于零。

将 DJK04 中 "电流调节器" 的所有输入端接地，再将 DJK08 中的可调电阻 13kΩ 接到 "电流调节器" 的 "8" "9" 两端，用导线将 "9" "10" 短接，使 "电流调节器" 成为 P（比例）调节器。调节面板上的调零电位器 RP_3，用万用表的毫伏挡测量电流调节器 "11" 端，使调节器的输出电压尽可能接近于零。

（2）电流调节器的整定。把 "电流调节器" 的 "9" "10" 短接线继续短接，使调节器成为 P（比例）调节器，然后将 DJK04 的给定输出端接到 "电流调节器" 的 "4" 端，当加正给定时，调整负限幅电位器 RP_2，使之输出电压为最小值即可；把 "电流调节器" 的输出端与 DJK02-1 上的移相控制电压 U_{ct} 端相连，当调节器输入端加负给定时，调整正限幅电位器 RP_1，使脉冲停在逆变桥两端电压为零的位置。去掉 "9" "10" 两端的短接线，将 DJK08 中的可调电容 0.47μF 接入 "9"、"10" 两端，使调节器成为 PI（比例积分）调节器。

（3）速度调节器的整定。把 "速度调节器" 的 "5"、"6" 端接线去掉，将 DJK08 中的可调电容 0.47μF 接入 "5" "6" 两端，使调节器成为 PI（比例积分）调节器，然后将 DJK04 的给定输出端接到转速调节器的 "3" 端，当加一定的正给定时，调整负限幅电位器 RP_1，使之输出电压为最小值即可。

（4）电流反馈的整定。直接将 DJK04 的给定电压 U_g 接入 DJK02-1 移相控制电压 U_{ct} 的输入端，三相交流调压接三相线绕式异步电动机负载，测量电动机的相电流和电流反馈电压值，调节 "电流反馈与过流保护" 上的电流反馈电位器 RP_1，使电流 $I_e=$ 1A 时的电流反馈电压 $U_{fi}=6V$。

（5）转速反馈的整定。直接将 DJK04 给定电压 U_g 接入 DJK02-1 移相控制电压 U_{ct} 的输入端，输出电路接三相线绕式异步电动机负载，测量三相线绕式异步电动机的转速和转速反馈电压值，调节 "速度变换" 上的转速反馈电位器 RP_1，使 $n=1300r/min$

时的电流反馈电压 $U_{fn} = -6V$。

3. 开环静态特性的测定

（1）将系统接成开环串级调速系统，直流回路电抗器 L_d 接 200mH，利用 DJK10 上的三相不控整流桥将三相线绕式异步电动机转子三相电动势进行整流，逆变变压器采用 DJK10 上的三相心式变压器，采用 Y/Y 接法，其中高压端 A、B、C 接 DJK01 电源控制屏的主电路电源输出，中压端 A_m、B_m、C_m 接晶闸管的三相逆变输出。R（将 D42 三相可调电阻的两个电阻接成串联形式）和 R_m（将 D42 三相可调电阻的两个电阻接成并联形式）调到电阻值最大时才能开始试验。

（2）测定开环系统的静态特性 $n = f(T)$，T 可按交流调压调速系统的同样方法来计算。在调节过程中，要时刻保证逆变桥两端的电压大于零。将数据记录于表 9-21 中。

表 9-21　数据记录表

$n/$（r/min）							
$U_2 = U_g$/V							
$I_2 = I_g$/A							
T/N·m							

4. 系统调试

（1）确定"速度调节器"和"电流调节器"的转速、电流反馈的极性。

（2）将系统接成双闭环串级调速系统，逐渐加给定 U_g，观察电动机运行是否正常，β 应在 30°~90°之间移相，当一切正常后，逐步把限流电阻 R_m 减少到零，以提升转速。

（3）调节电流调节器、速度调节器的外接电容和放大倍数调节电位器，用慢扫描示波器观察突加给定时的动态波形，确定较佳的调节器参数。

5. 双闭环串级调速系统静态特征的测定

测定 n 为 1200r/min 时的系统静态特性 $n = f(T)$，将数据记录于表 9-22 中。

表 9-22　数据记录表

$n/$（r/min）	1200						
$U_2 = U_g$/V							
$I_2 = I_g$/A							
T/N·m							

测定 n 为 800r/min 时的系统静态特征 $n = f(T)$，将数据记录于表 9-23 中。

表 9-23　数据记录表

$n/$（r/min）							
$U_2 = U_g$/V							
$I_2 = I_g$/A							
T/N·m							

6. 系统动态特性的测定

用双踪慢扫描示波器观察并用记忆示波器记录下列波形。

（1）突加给定起动电动机时，转速 n（"速度变换"的"3"端）和电动机定子电流 I（"电流反馈与过流保护"的"2"端）的动态波形。

（2）电动机稳定运行时，突加、突减负载（$20\%I_e \Rightarrow 100\%I_e$）时 n 和 I 的动态波形。

八、注意事项

（1）参见本教材实训的注意事项。

（2）在实训过程中应确保 $\beta < 90°$ 内变化，不得超过此范围。

（3）逆变变压器为三相心式变压器，其二次侧三相电压应对称。

（4）应保证有源逆变桥与不控整流桥间直流电压极性的正确性，严防顺串短路。

（5）DJK04 与 DJK02-1 不共地，所以实训时须短接 DJK04 与 DJK02-1 的地线。

九、实训报告

（1）根据实训数据画出开环、闭环系统静态机械特性曲线 $n = f(T)$，并进行比较。

（2）根据动态波形，分析系统的动态过程。

项目七　三相 SPWM、马鞍波、SVPWM 变频调速系统实训

一、实训目的

（1）掌握 SPWM 的调速基本原理和实现方法。

（2）掌握马鞍波变频的调速基本原理和实现方法。

（3）掌握 SVPWM 的调速基本原理和实现方法。

二、实训所需挂件及附件

（1）DJK01 电源控制屏。

（2）DJK13 三相异步电动机变频调速控制（参照附图6）。

（3）DJ24 三相笼形异步电动机。

（4）双踪示波器。

（5）万用表。

三、实训内容

（1）正弦波脉宽调制（SPWM）变频调速实训。

（2）马鞍波变频调速实训。

（3）空间电压矢量（SVPWM）变频调速实训。

四、实训方法

（1）将 DJ24 电动机与 DJK13 逆变输出部分连接，电动机接成三角形，关闭电动机开关，调制方式设定在 SPWM 方式下（将 S、V、P 的三端子都悬空）。打开挂件电源开关，按"增速""减速"和"转向"键，观测挂件工作是否正常，如果工作正常，将运行频率退到零，关闭挂件电源开关。然后打开电动机开关，接通挂件电源，增加频率、降低频率以及改

变转向，观测电动机的转速变化。

（2）将频率退到零，改变设置到马鞍波 PWM 方式（用导线短接 V、P 两端子，S 端悬空），增加频率、降低频率以及改变转向，观测电动机的转速变化。

（3）将频率退到零，设置为电压空间矢量控制方式（用导线短接 S、V 两端子，P 端悬空），再增加频率、降低频率以及改变转向，观测电动机的转速变化。在低转速的情况下，观察电动机的运行状况，与正弦波脉宽调制下的进行比较。

五、注意事项

（1）在频率不等于零的时候，不允许打开电动机开关，以免发生危险。

（2）切莫在电动机运行过程中堵转；否则会导致无法修复的后果。

六、实训报告

观察在不同的模式下电动机的运行状况，并分析原因。

第四篇

实 践 篇

模块十

西门子 6SE70 变频器的应用

项目一 西门子 6SE70 变频器概述

变频器 6SE70 是用于功率范围三相交流传动设备的电力电子装置。变频器能够根据铭牌上规定的电压范围值（200～300V/380～480V/500～600V）工作在频率为 50～60Hz 的交流电网上。电网供给的三相交流电经过整流，滤波后送到直流母线的电容器上。逆变器由中间回路直流电压利用脉冲宽度调制（PWM）生成一个可变输出频率。其输出频率为 0～600Hz。

可通过操作控制面板 PMU、舒适型操作控制面板 OPIS、端子排或通过总线系统的串行接口进行控制操作。为此，该装置备有若干接口和选件板的 6 个插槽。

脉冲编码器和模拟测速机可进行电动机的转速反馈。

任务一 西门子 6SE70 系列变频器的结构

高性能通用变频器为了满足不同工程的需要，有几种硬件结构，即独立式变频器、公共直流母线式变频器和带能量回馈单元的变频器。独立式变频器是将整流单元和逆变单元放置在一个机壳内，是目前应用最多的变频器，一般只驱动一台电动机，用于一般的工业负载。公共直流母线式变频器是将变频器的整流单元和逆变单元分离开来，分别放置在各自的机壳内；整流单元的功能是将电压和频率不变的交流电转换成电压恒定的直流电，形成公共直流母线；逆变单元挂到公共直流母线上，其功能是将电压恒定的直流电转换成电压和频率均可调的交流电，用于驱动电动机。

公共直流母线式变频器最大的特点是一个整流单元可下挂多个逆变单元，驱动多台电动机，特别适用于生产线上的辊道传动。高性能通用变频器驱动电梯、升降机及可逆轧机等负载时，都要求四象限运行，所以必须配置能量回馈单元。能量回馈单元的功能是将电动机制动时产生的再生能量回馈给电网。能量回馈单元不单独使用，必须接到变频器上才能运行。西门子 6SE70 系列变频器是一种工程型高性能变频器，有 4 种控制模式，如图 10－1 所示。

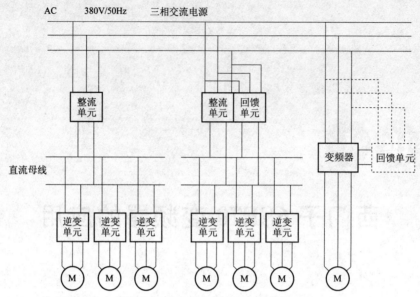

图 10 - 1　直流母线式变频器和独立式变频器及其回馈单元

（1）一台独立的变频器，驱动一台电动机，适用于一般的工业负载。

（2）一台独立的变频器，带一个能量回馈单元，驱动一台电动机，适用于电梯和升降机等四象限运行的负载。

（3）一个整流单元下挂多个逆变单元，驱动多台电动机，适用于生产线等辊道传动的负载。

（4）一个整流单元带一台能量回馈单元，下挂多个逆变单元，驱动多台电动机，适用于四象限运行的负载。

任务二　西门子 6SE70 系列变频器的接线

1. 主电路接线

西门子公司 6SE70 系列变频器的结构分书本形结构和柜体形结构，图 10 - 2 所示为书本形结构变频器的主电路原理。

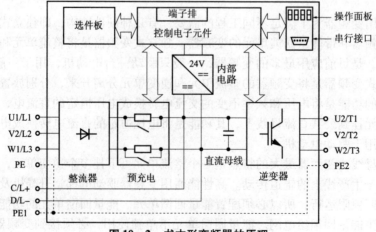

图 10 - 2　书本形变频器的原理

2. 控制电路接线

西门子公司 6SE70 系列变频器的中心控制单元有 CUVC 和 CUR 两种，CUVC 为 6SE70 系列变频器专用于矢量控制的中心单元，CUR 为 6SE70 系列变频器专用于整流单元的中心控制单元。在 CUVC 和 CUR 上，有多个开关量和模拟量端子，可通过软件编程，对每个端子进行任意的功能设定，图 10-3 所示为 CUVC 控制电路原理。

在 CUVC 上，有 3 个控制端子，即 X101、X102、X103。通过这 3 个控制端子排，可控制变频器的运行。X101、X102、X103 控制端子排的功能如下。

X101 控制端子排：主要控制变频器的起动和停止；变频器驱动电动机的正转和反转；变频器的外部故障输入；变频器的固定值给定；变频器内部的给定积分器有效；变频器急停控制；变频器故障报警。X101 控制端子排上的所有端子均为开关量输入和开关量输出。其中，有 3 个端子为开关量输入，有 4 个端子既可设置为开关量输出又可设置为开关量输入。

X102 控制端子排：主要进行变频器的频率给定或速度给定；变频器频率输出或速度输出；变频器电流输出等。X102 控制端子排上的所有端子均为模拟量输入/输出，其中有两个模拟量输入（非电位隔离）和两个模拟量的输出。

X103 控制端子：电动机脉冲编码器和电动机温度传感器（KTY84/PTC）接口。

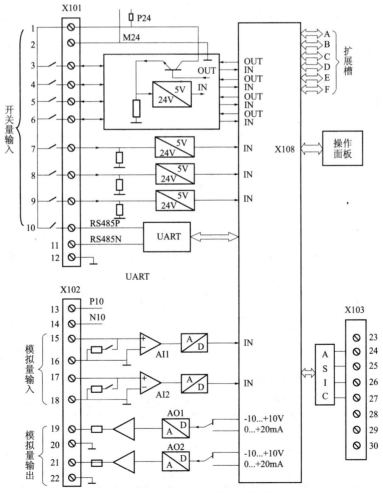

图 10-3　CUVC 控制电路原理

CUVC 控制端子排 X101、X102、X103 上的各端子含义见表 10-1。

表 10-1　CUVC 上的端子及含义

端子排	端子序号	端子标志	端子含义	范围
X101	1	P24	辅助电源	DC24V/150mA
	2	M24	参考电位	0V
	3	DIO1	开关量输入/输出 1	DC24V，10mA/20mA
	4	DIO2	开关量输入/输出 2	DC24V，10mA/20mA
	5	DIO3	开关量输入/输出 3	DC24V，10mA/20mA
	6	DIO4	开关量输入/输出 4	DC24V，10mA/20mA
	7	DI5	开关量输入 5	DC24V/10mA
	8	DI6	开关量输入 6	DC24V/10mA
	9	DI7	开关量输入 7	DC24V/10mA
	10	RS485P	USS 总线连接 $Scom_2$	RS485
	11	RS485N	USS 总线连接 $Scom_2$	RS485
	12	MR485	参考电位 RS 485	
X102	13	P10	辅助电源	DC +10V ± 1.3%/5mA
	14	N10	辅助电源	DC +10V ± 1.3%/5mA
	15	$A11^+$	模拟输入 1 正端	电压：$DC \pm 10V/R_i = 60k\Omega$ 电流：$DC \pm 10V/R_i = 250k\Omega$
	16	$A11^-$	模拟输入 1 负端	
	17	$A12^+$	模拟输入 2 正端	
	18	$A12^+$	模拟输入负正端	
	19	AO1	模拟输出 1	电压：$DC \pm 10V/5mA$ 电流 $DC0 \sim 20mA/R \leqslant 250\Omega$
	20	M	模拟地	
	21	AO2	模拟输出 1	
	22	M	模拟地	
X103	23	$V_{SS}M$	脉冲编码器电源地	0V
	24	Channel A	通道 A	HTL 单极
	25	Channel B	通道 B	HTL 单极
	26	Zero pulse	零脉冲	HTL 单极
	27	CTRL	控制通道	HTL 单极
	28	V_{SS}^+	脉冲编码器电源正端	DC +15V /190mA
	29	Temp -	KTY84/PTCD 负端	KTY84：0 ~ 200℃
	30	Temp +	KTY84/PTCD 正端	PTC：$R_{COLD} \leqslant 1.5k\Omega$

任务三　西门子6SE70系列变频器的参数设置

1. 通过 PMU（参数化单元）设置参数

1）参数

西门子6SE70系列变频器按照参数的功能，可有下列不同品种。

（1）功能参数（大写字母 P、U、H 和 L 表示，能读和写）。

（2）BICO 参数（大写字母 B、K 和 KK 表示，能读和写）。

注意：BICO 参数为变频器内部存储单元，因此参数值外观不可见。

（3）只读参数（小写字母 r、n、d 和 c）（仅能读）。

3 个数字覆盖的范围为 000 ~ 999；但并非所有数值都能用到。通常，采用 PMU、OPIS 或 DRIVEMONITOR 软件设置功能参数或只读。

2）参数设置单元 PMU

参数设置单元 PMU 在装置上直接对变频器和逆变器进行参数设置、操作和监控。它是基本装置的固定组成部分。它具有 4 位 7 段数码显示和若干按键。变频器面板各按键的作用见表 10 - 2。PMU 如图 10 - 4 所示，它具有以下功能。

（1）变频器的起动和停止。

（2）简单功能设定和参数修改。

（3）显示变频器运行状态和故障设定。

（4）具有 RS 485/RS 232 接口。

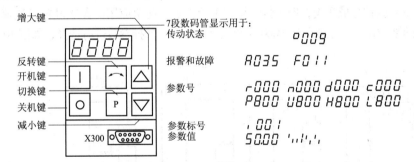

图 10 - 4　PMU 参数设置单元

表 10 - 2　变频器面板各按键的作用

操作键	含义	功能
	开机键	传动系统接电（电机使能） 如果故障：回到故障显示
○	关机键	传动系统断电；通过 OFF1、OFF2 或 OFF3（P554 ~ 560）决定于参数设定
	反转键	传统系统转向的改变 此功能用 P571 和 P572 激活
P	切换键	按一定的顺序在参数号、参数标号和参数值之间进行转换（在松开按键时使用） 如果激活故障显示：故障确认

操作键	含义	功能
△	增大键	用于增加所显示的值 点动 = 信号逐步增加 按紧 = 信号快速增加
▽	减小键	用于减小所显示的值 点动 = 信号逐步减小 按紧 = 信号快速减小
P + △	切换键和增大键同时操作	如果激活参数号级：在最后选择的参数号和操作显示之间跳入或跳出（r000） 如果激活故障显示：切换到参数号级 如果激活参数值级，且参数值显示超过 4 位数，则将显示向左移一个数字（如果左边存在其他不可见数字，则在左边数字闪烁）
P + ▽	切换键和减小键同时操作	如果激活参数号级：直接跳入工作显示（r000） 如果激活参数值级，且参数值显示超过 4 位数，则将显示向右移一个数字（如果右边存在其他不可见数字，则在右边数字闪烁）

2. 参数设置步骤

参数设置步骤被分成 3 类，即参数恢复到工厂设置、简单应用的参数设置（快速参数设置）和专家应用的参数设置。主菜单用 P060 菜单（表 10 -3）选择参数进行选择，如图 10 -5 所示。

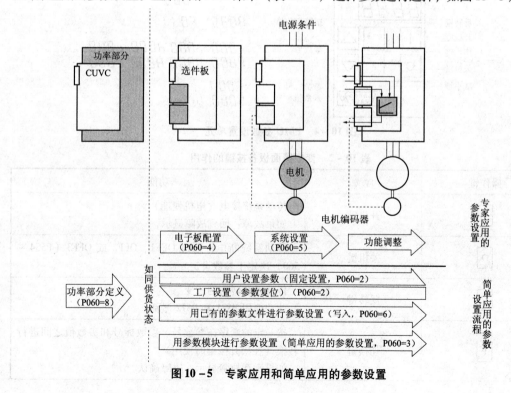

图 10 -5　专家应用和简单应用的参数设置

表 10-3　主菜单

P060	菜单	说明
0	用户参数	自由组合菜单
1	参数菜单	包含全部参数组使用 OPIS 操作面板获得功能进一步扩展结构
2	固定设置	用于完成参数恢复到工厂设置或用户设置
3	快速参数设置	用于具有参数模块的快速参数设置，当选择此参数值时，装置转到状态 5 "系统设置"
4	板的配置	用于配置选件板，当选择此参数值时，装置转到状态 4 "板的配置"
5	系统配置	用于重要电机、编码器和控制数据的参数设置，当选择此参数值时，装置转到状态 5 "系统设置"
6	写入	用于从 OPIS、PC 或自动化装置中写入参数，当选择此参数值时，装置转到状态 21 "写入"
7	读取/自由存取	包含全部参数组且不受另外菜单的限制，用于自由存取所有参数，用 OPIS、PC 或自动化装置去读取所有参数
8	功率部分定义	用于定义功率部分（仅在书本形、装机装柜形装置需要），当选择此参数值时，装置转到状态 0 "功率部分定义"

1）功率部分定义（P060 = 8）

功率部分的定义已在发货之前完成。如果更换 CUVC，则要重新设定，如图 10-6 所示，一般情况下不要求。在功率部分定义时，控制板上电，在所有书本形、装机装柜形装置和调速柜都需要如此。

2）参数恢复到出厂设置（P060 = 2）

工厂设置是变频器所有功能被定义的初始状态。当变频器的功能需要完全重新设定或者由于用户参数变更导致变频器无法正常运行，可通过 PMU 将变频器的功能复位到工厂设置。设置的步骤如图 10-7 所示。参数复位到工厂设置过程中，功率部分的定义、相关的工艺条件、运行时间的计算及故障存储器都将予以保留。

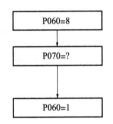

图 10-6　功率部分定义实现过程

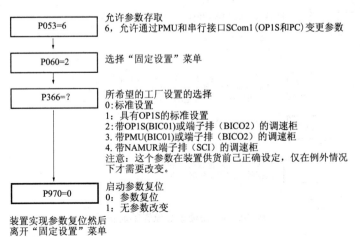

图 10-7　参数复位到工厂设置的顺序

3）快速参数设置（简单应用的参数设置）（P060＝3）

快速参数设置（简单应用的参数设置）常用于已准确了解了装置的应用条件且无须测试以及需要相关扩展参数进行补充的情况。设置步骤如图10-8所示。

预定义和功能定义参数模块都存储在装置之中。这些参数模块能够彼此结合，这使得用户可以通过很少的步骤就能实现应用设想。而不需要装置完整参数组的详细知识。

这些功能模块组包括：电动机数据功能模块组、开/闭环控制类型功能模块组和设定值与命令源功能模块组。通过从每个功能组选择一组参数模块来激活参数设定，然后开始简单应用的参数设置，根据用户的选择以及必要的参数，生成所需控制功能。存储在装置软件中的功能图模块见附录功能图s0、s1、s2和s3。

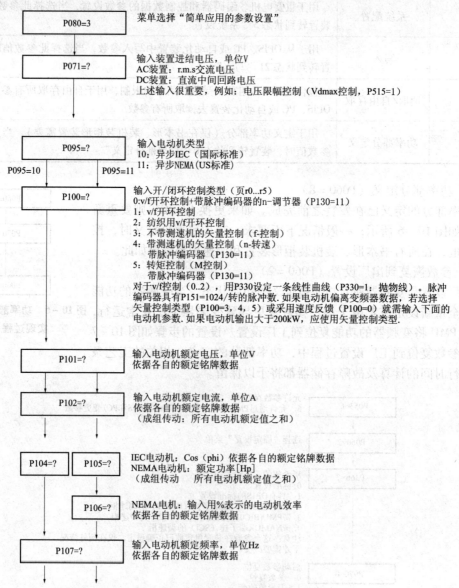

图10-8　快速参数设置的流程图

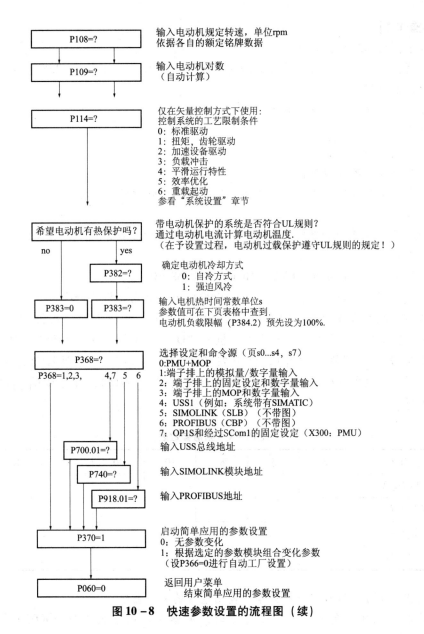

图 10-8 快速参数设置的流程图 (续)

项目一的演练

[实际操作1]

项目要求：工厂复位设置

项目说明：在变频器上执行一次默认设置（参数复位），将所有参数恢复到工厂设置。

操作过程：P053 = 6，P060 = 2，P366 = 0，P970 = 0。装置执行默认设置（参数号在PMU上滚动），并在执行完默认设置后显示^{0}009。

原则上，变频器在供货状态或默认设置后处于运行准备状态，但由于还没有输入过电动机数据，所以变频器运行可能会引起电动机过热。因此，变频器在开始运行前必须先进行优化。

[实际操作 2]

项目要求：快速参数化设置

项目说明：对于标准应用，通过使用建立在"参数模块"基础上"快速参数设置"可以大大缩短调试时间。

所需要的参数模块在下面 3 个功能组中选择。

①电动机。

②控制方式。

③控制指令和设定值的源。

经过一个自动参数化过程，装置的有关参数被设置成所定义的功能。

操作过程：

（1）根据下面所要求的功能，执行"用参数模块进行参数设置"流程图的步骤。

①控制方式：U/f 开环。

②设定值源和控制指令源：PMU + MOP，即 P368 = 0。

（2）快速参数设置结束时，状态显示（r000）为"起动待机,^{0}009"。

（3）在变频器的操作面板（PMU）上按开机键"I"和增大键"△"，变频器将驱动电动机升速；在变频器的前操作面板上按关机键"O"，变频器将驱动电动机降速至零。

（4）分别设定不同频率（f_1），记下在不同频率下对应的变频器输出电压（U_1）（r003）、中间直流电压（U_d）（r006）、电动机转速（n）（r0015），并计算 U_1/f_1 的值，填写在表 10 – 4 中。

表 10 – 4 测量参数表

频率 f_1/Hz	3	5	8	10	20	30	40	50
输出电压 U_1/V								
中间直流电压 U_d/V								
电机转速 n								
U_1/f_1/（V/Hz）								

（5）画出在 U/f 开环控制下的频率和输出电压的关系曲线。

（6）将电动机加上负载，当负载变化时，观察对应的输出电压（r003）、输出电流（r004）、电动机转速（r015）的变化。

注意事项如下。

（1）对领出的器件应仔细进行检查，发现问题向指导教师说明并更换。

（2）拆卸变频器前应仔细阅读用户手册，避免造成设备的损坏。

（3）安装及布线时应严格遵循国际电工委员会的安装标准。

（4）禁止私自对设备送电，送电时指导教师必须在场。

（5）接通电源前应仔细进行检查，确保无误时再按顺序进行送电。

（6）调试运行过程中发现异常现象，应立即断开设备供电电源。

（7）任务完成后对实训器材应做好检查和退库工作。

（8）工作任务结束后要做好实训场所的公共卫生。

项目二　西门子6SE70变频器的详细参数设置

当事先不能确切了解装置的使用条件，具体的功能调整必须在本机上完成的情况时，应用详细参数设置。

任务一　详细参数设置（专家参数设定）

详细参数设置典型的应用例子是初始起动。

系统设置功能扩展了快速参数设置的起动功能。

在系统设置期间，控制电子板得到变频器工作的进线电压、所连接的电动机及电动机编码器的情况。此外，也选择电动机控制方式（U/f开环控制或矢量控制）和逆变器脉冲频率。需要时，电动机模型所需的参数能自动计算出来。更进一步，在系统设置期间，电流、电压、频率、转速及转矩信号额定值也可确定。

任务二　设置流程

参数设置流程如图10-9所示。

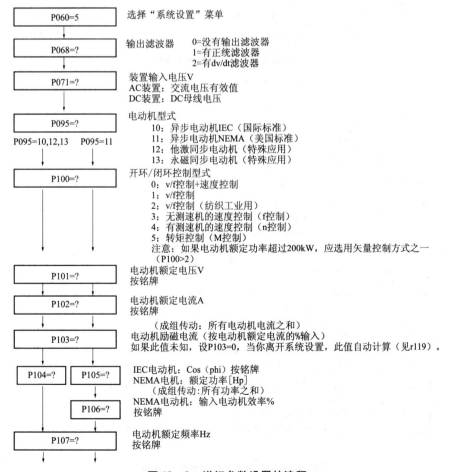

图10-9　详细参数设置的流程

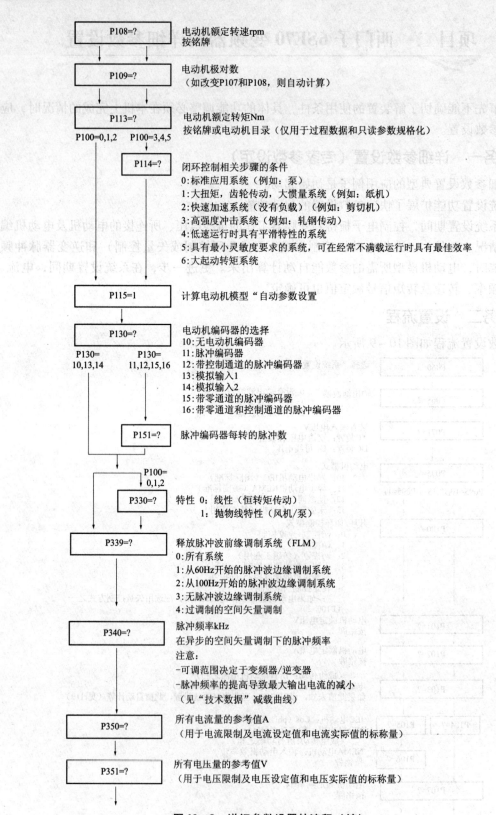

图 10－9　详细参数设置的流程（续）

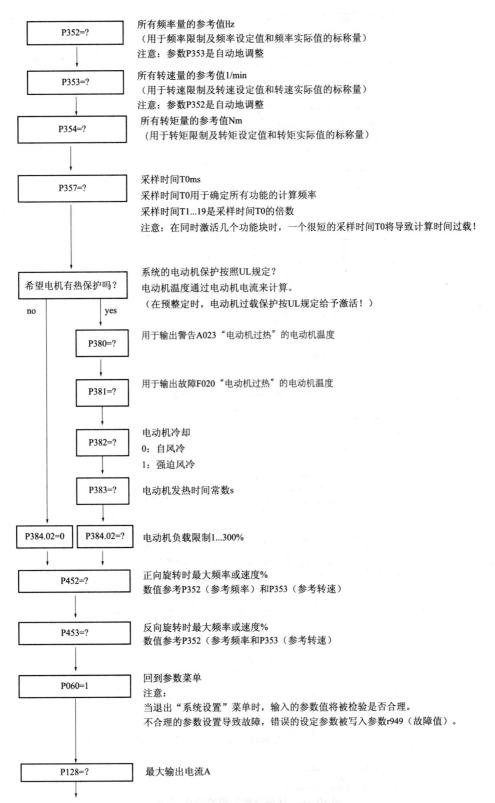

P352=? 所有频率量的参考值Hz
（用于频率限制及频率设定值和频率实际值的标称量）
注意：参数P353是自动地调整

P353=? 所有转速量的参考值1/min
（用于转速限制及转速设定值和转速实际值的标称量）
注意：参数P352是自动地调整

P354=? 所有转矩量的参考值Nm
（用于转矩限制及转矩设定值和转矩实际值的标称量）

P357=? 采样时间T0ms
采样时间T0用于确定所有功能的计算频率
采样时间T1…19是采样时间T0的倍数
注意：在同时激活几个功能块时，一个很短的采样时间T0将导致计算时间过载！

希望电机有热保护吗？ 系统的电动机保护按照UL规定？
电动机温度通过电动机电流来计算。
（在预整定时，电动机过载保护按UL规定给予激活！）

no　　yes

P380=? 用于输出警告A023"电动机过热"的电动机温度

P381=? 用于输出故障F020"电动机过热"的电动机温度

P382=? 电动机冷却
0：自风冷
1：强迫风冷

P383=? 电动机发热时间常数s

P384.02=0　**P384.02=?** 电动机负载限制1…300%

P452=? 正向旋转时最大频率或速度%
数值参考P352（参考频率）和P353（参考转速）

P453=? 反向旋转时最大频率或速度%
数值参考P352（参考频率和P353（参考转速）

P060=1 回到参数菜单
注意：
当退出"系统设置"菜单时，输入的参数值将被检验是否合理。
不合理的参数设置导致故障，错误的设定参数被写入参数r949（故障值）。

P128=? 最大输出电流A

图 10－9　详细参数设置的流程（续）

163

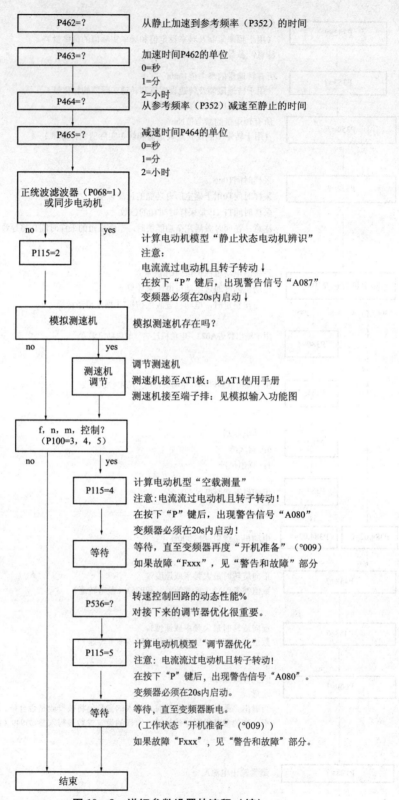

图 10 – 9　详细参数设置的流程（续）

任务三　系统设定应遵照工艺过程的边界条件

为了支持起动，工艺过程的特性在 P114 中设定，见表 10 – 5。随后进行的自动设置参数（P115）或电动机识别（P115 = 2、3）及调节器优化（P115 = 3、5）在闭环控制中完成，经验表明，这对选择方案很有好处。

表 10 – 5　工艺过程的边界条件

P114	工艺过程的边界条件	应用和限制条件
0	标准驱动	泵、风机
1	转矩、齿轮和大惯量驱动	造纸机
2	带恒惯量的加速驱动	剪切机
3	大负载冲击要求	在频率控制方式，只能用于 $f > 20\% f_N$
4	低速运行时的高平滑运行特性	只限于速度控制并且具有高编码器脉冲数
5	轻载情况下通过减少磁通来进行效率优化	低动态性要求的驱动系统
6	大起动负载	重载起动

任务四　详细参数设置（专家参数设定）——系统优化

为了准确确定电动机参数，就必须执行自动电动机辨识和速度调节器优化。电动机自动参数设置和辨识的功能用于确定超出电动机铭牌范围的参数。开环控制用参数 P115 来执行。为获得传动系统好的闭环控制，需执行电动机辨识。

理论上，一旦在变频器"系统设置"（P060 = 5）状态下调整下列某一参数，装置就需执行自动设置参数（P115 = 1）或电动机识别（P115 = 2）过程，如图 10 – 10 所示。

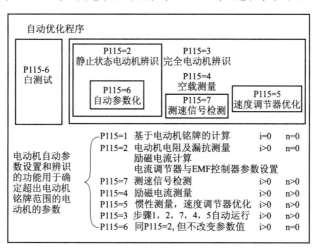

图 10 – 10　自动优化程序

1. 自动参数设置

自动参数设置用于预设定同系统设置（变频器和电动机数据）和开环/闭环控制形式

（P100）有关的开环/闭环控制参数。

2. 在零速时的电机识别（P115=2）

在零速时的电动机识别执行"自动参数设置"，然后激活接地故障测试，测试脉冲测量，泄漏测量，并执行 DC 测量去改善闭环控制。这样，对某些闭环控制参数重新确定。

3. 完全的电动机识别（P115=3）

完全的电动机识别用于在矢量闭环控制方式（P100=3、4 或 5）中去改善闭环控制作用并包含下列功能。

（1）"在零速时的电动机辨识"（包括"自动参数设置"）。

（2）"空载测量"（包括"测速装置测试"）。

（3）"n/f 调节器优化"。

4. 空载测量（P115=4）

空载测量在矢量闭环控制方式（P100=3、4 或 5）中用于改善闭环控制作用，而且它是"完全的电动机辨识"的一个子功能。测量用于设定空载电流（P103，r109）和电机磁抗。

5. n/f 调节器优化（P115=5）

n/f 调节器优化在矢量闭环控制方式（P100=3、4 或 5）中用于改善闭环控制作用，而且它是"完全的电动机辨识"的一个子功能。

6. 自测试（P115=6）

自测试有同"在零速时的电动机辨识"相同的功能，但无参数值的改变。

7. 测速装置测试（P115=7）

测速装置测试用于在带测速机矢量控制方式下（P100=4 或 5）去检查测速机（模拟测速机和脉冲编码器）。

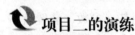 项目二的演练

[实际操作]

项目要求：按照"详细参数设置"执行"系统设置"步骤。

项目说明：按照流程图 10-9 设置驱动装置的参数。

操作过程：

（1）再执行一次默认设置，恢复变频器的供货状态。

（2）按流程图 10-9 设置驱动装置的参数，同时注意下列规定和要求。

——没有输出滤波器。

——速度控制（无测速机的速度控制）。

——电动机数据按电机铭牌。

——电动机额定转矩。

——工艺边界条件：标准应用。

——所有调制系统

——脉冲频率：10kHz。

——参考电流：电动机额定电流。

——参考电压：电动机额定电压。

——参考频率：电动机额定频率。

——参考转速：同步转速。

——参考转矩：电动机额定转矩。

——采样时间 T_0：1.2ms。

——电机热保护：是，输出报警/故障的电动机温度 =0（因为没有 KTY84!）。

——热时间常数：按电动机类型 1LA7073（同 1LA5073）/1LA5130。

——电动机故障负载极限：125%。

——顺时针方向最大转矩：60N·m。

——逆时针方向最大转矩：-60N·m。

——最大输出电流：1.5 倍电机额定电流。

——斜坡上升时间：3s。

——斜坡下降时间：6s。

——速度控制回路的动态性能：50%（默认）。

注：当选择 P115 =2 时，P115 =1 作为集成的优化过程自动执行。在这个过程中，参数 P128 和 P536 自动设置。因此，如果参数 P128 和 P536 的设置值与自动设置值不一样，可以重新输入。

（3）用 PMU 上的键可以在 0～50Hz 内设定频率值。将电动机加上负载，当负载变化时，记录对应的输出电压（r003）、输出电流（r004）、电动机转速（r015）的值，并与 U/f 开环控制相比较。

注意事项如下。

（1）对领出的器件应仔细进行检查，发现问题向指导教师说明并更换。

（2）拆卸变频器前应仔细阅读用户手册，避免造成设备的损坏。

（3）安装及布线时应严格遵循国际电工委员会的安装标准。

（4）禁止私自对设备送电，送电时指导教师必须在场。

（5）接通电源前应仔细进行检查，确保无误时再按顺序进行送电。

（6）调试运行过程中发现异常现象应立即断开设备供电电源。

（7）任务完成后对实训器材应做好检查和退库工作。

（8）工作任务结束后要做好实训场所的公共卫生。

项目三　西门子 6SE70 变频器的输入和输出功能

任务一　功能块

大量的开环和闭环控制功能、通信功能以及监控和操作器控制功能可由在变频器和逆变器软件中的功能块来实现。这些功能块可用参数设置和自由连接。

相互连接的方法相当于将各种不同功能单元用工程方法进行电气连接，即相当于使用电缆连接集成电路或其他元器件。

不同之处是功能块由软件而不是电缆来连接。

1. 功能块

功能用功能块来实现，各个功能块的功能范围取决于它的专门任务。功能块装备了输入、输出和参数且在时隙中进行处理, 如图 10 – 11 所示。

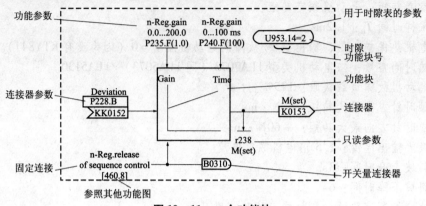

图 10 – 11　一个功能块

2. 功能块号

每个功能块都有一个功能块号（FB 号）, 用它来清楚地定义功能块。利用 FB 号, 能够定义用哪个时隙处理大量功能块。在这种情况下, 每个功能块都配置一个标号参数, 该标号参数将有关 FB 号包含在其参数号和参数标号中。

举例如下。

①U950. 01 是功能块号 001 的代码。

②U953. 50 是功能块号 250 的代码。

③U953. 99 是功能块号 299 的代码。

④U954. 74 是功能块号 374 的代码。

选择时隙的参数和对应的工厂设定在每个功能块的功能图（可查阅说明书）中加以显示, 这个数据做成椭圆形以便更好地同功能块的其他元器件进行区别。

除时隙外, 处理顺序对大多数功能块来讲也可以确定。

任务二　输入/输出端子功能的设定

变频器的中心控制单元 CUVC 有 X101、X102、X103 端子排 EB1、EB2。变频器的这些端子只有在进行了功能设定后, 才能对变频器的运行进行控制。

变频器的输入和输出在进行功能设定时, 要通过控制字、状态字、开关量连接器、模拟量连接器来进行设定。

1. 控制字

控制字是变频器的控制命令, 它通过连接器将变频器的开关量输入端子、PMU、OPIS、串行口与变频器的功能（如正转、反转等）连接起来, 从而能通过 PMU 和输入端子来控制变频器运行。6SE70 系列变频器控制字（32 位）的各位含义见功能图 180 和 190。

2. 状态字

状态字是变频器的控制命令, 它通过连接器将变频器的开关量端子、PMU、OPIS、串行口与变频器的功能（如故障报警、变频器运行输出信号等）连接起来, 从而能通过 PMU 和输出端子显示变频器的运行状态。6SE70 系列变频器状态字（32 位）的各位含义见功能图 200 和 210。

3. 连接器

由于西门子6SE70系列变频器是一种"工程型"变频器,要满足种种工程需要,所以能实现的功能多,功能码也多,而外部端子是有限的,这样为满足某一工程需要而使变频器传动电动机运行时,必须用连接器将某些有用的功能码与变频器外部端子连接起来,完成变频器的功能设定。连接器分为源连接器和目标连接器,源连接器相当于插座,目标连接器相当于插头。一般情况下,对于输入来说,目标连接器对应变频器的端子和变频器的功能码;而对于输出端子来说,源连接器对应变频器的端子和变频器的功能码或变频器要输出的变量。连接器分为开关量连接器和模拟量连接器。

1)开关量连接器

开关量连接器可看成存储开关量信号的存储单元。功能块的开关量(数字)输出参数以B参数存储。每个开关量连接器包含一个定义字母和开关量连接器号,如图10-12所示。定义字母是B。开关量连接器号通常有4位数字。基于它们的定义,开关量连接器仅有两个状态,即"0"(逻辑NO)和"1"(逻辑YES)。

2)模拟量连接器

连接器好比是"模拟"信号的存储单元,功能块的模拟量输出参数以K(KK)连接器形式存储。每个连接器包含一个定义字母和连接器号,如图10-13所示。定义字母取决于数字的表示法,K是具有字长(16位)的连接器,KK是具有双字长(32位,提高精度)的连接器。

图10-12 开关量连接器　　　图10-13 具有字长16位和32位的连接器

任务三 设定值输入

设定值可以作为主设定值和附加设定值的总和。设定值不仅可以从内部也可以从外部输入。内部如固定设定值、电动电位器设定值、点动设定值;外部可以通过模拟量输入口、串行接口或选件板输入。内部固定值和电动电位器设定值可以从所有接口通过控制指令进行切换或调整。图10-14所示为频率设定值通道。

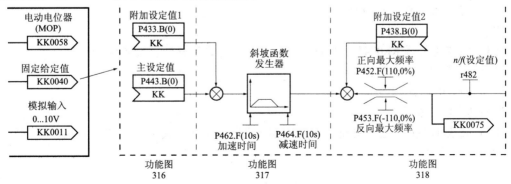

图10-14 频率设定值通道

设定值通道主要设置变频器的频率给定、频率的正负限幅、变频器的起动时间和变频器的停止时间。变频器的频率给定可由主给定给出，也可由附加给定 1 或附加给定 2 给出。变频器频率主给定通过功能码 P443 设置，附加给定 1 通过功能码 P433 设置，附加给定 2 通过功能码 P438 设置。为了减小变频器起动或停止时对电网的冲击和对电动机的冲击，在设定值通道上加入给定积分器和频率正负限幅，从而使变频器能实现软起动和软停止。给定积分的加速时间通过功能码 P462 设置，减速时间通过功能码 P464 设置，频率的正限幅通过功能码 P452 设置，频率的负限幅通过功能码 P452 设置，减速时间通过功能码 P464 设置。

🔄 项目三的演练

一、开关量输入功能

[实际操作 1]

项目要求：控制起停。

项目说明：通过端子 8 设置起停功能。

操作过程：

设置变频器操作面板上开关量输入端（端子 8）的参数，使端子 8 闭合时，驱动装置起动，端子 8 断开时，驱动装置停止。

[实际操作 2]（参见功能图 30、90、290 和 300）

项目要求：MOP（手动/自动模式选择）频率主设定值功能

项目说明：频率主设定通过 MOP，并通过手动/自动模式进行切换。

操作过程：

（1）设置电动电位器的参数以满足下列功能。

——电动电位器的输出值（KK0058/r424）可以用 PMU 键在 20% ~ 80% 内设定。

P =

P =

——斜坡函数发生器总是有效（不论是手动方式还是自动方式）。

P =

——设定值存储在"不易丢失"的模式下。

P =

——斜坡函数发生器不带起始圆弧。

P =

（2）定义固定频率 1 = 15Hz。

P =

（3）检查连接器 KK0041 上的设定值，分别显示成百分数、频率和转速。

"百分数"，P = 显示，r =

"频率"，P = 显示，r =

"转速" P = 显示，r =

（4）按表 10 - 6 设置开关量输入端（端子 7）的参数，使它作为"手动/自动"切换的指令源。

表 10 – 6 开关量输入端参数

端子 7 = ON（上面位置）	设定值用电动电位器、PMU 键设定
端子 7 = OFF（下面位置）	自动方式，设定值 = 固定频率 I

P =

P =

（5）检查"手动/自动"切换的指令源设置回"手动"。

P430 = 0

[实际操作 3]

项目要求：点动功能。

项目说明：通过端子 6 设置点动功能。

操作过程：

（1）设置开关量输入端（端子 6）的参数，使端子 6 闭合时实现点动功能，点动设定值是 −5Hz。

P =

P =

（2）测试后取消端子 6 的点动功能：P568.1 = 0 或 P569.1 = 0。

[实际操作 4]（参见功能图 90、190、290、和 316）

项目要求：固定频率的选择（附加设定值 1）

项目说明：通过固定频率设置 4 段速。

操作过程：

（1）设置端子 6 和 7 的参数，用以选择固定频率 9~12Hz，如表 10 – 7 所示。

表 10 – 7 固定频率参数

端子 6	端子 7	固定频率	参数
0	0	+10Hz	固定频率 9，P =
0	1	−50Hz	固定频率 10，P =
1	0	+25Hz	固定频率 11，P =
1	1	−12.5Hz	固定频率 12，P =

P =

P =

P =

P =

（2）请将选出的固定频率"连接"成附加设定值 1。

P =

二、开关量输出功能

[实际操作]

项目要求：开关量输出功能。

项目说明：测试开关量输出端的信号。

操作过程：

（1）将"斜坡函数发生器动作"信号赋给开关量端（端子3），这样斜坡函数发生器动作时端子3的LED发光（端子3开关必须位于下面位置）。

P =

（2）测试后取消该功能，P651.1 = 0。

三、模拟量输入功能

[实际操作]（参见功能图80、316、317、318和480）

项目要求：模拟量输入功能（附加设定值2）

项目说明：在设定值通道中加入模拟量输入，并设置增益和偏移量。

操作过程：

（1）连接到模拟量输入端上的电压可以用电位器在 −10 ~ +10V 调整。

（2）检查模拟量输入1电压值与模拟量输入1设定值之间的对应关系。

 − 电压值 +1V→模拟量输入1设定值→ +10%

 − 电压值 − 1V→模拟量输入1设定值→ −10%

（3）"连接"模拟量信号，使它作为频率设定值并绕过斜坡函数发生器。

P =

（4）用开关断开模拟量信号。起动变频器，在表 10 − 8 中记录测量值。

表 10 − 8　测量值

	测量值
断开模拟量信号	主设定值 r447 = 附加设定值1：r437 = 附加设定值2：r442 = 总设定值：r481 =

（5）请选择驱动装置对 OFF1 指令怎样响应。

驱动装置向 r481 = 运行，然后停车。

驱动装置向 r481 = 运行，然后不停车。

（6）用开关"选择"模拟量信号。重新起动变频器，在表 10 − 9 中再记录测量值。

表 10 − 9　测量值

	测量值
连接模拟量信号	主设定值 r447 = 附加设定值1：r437 = 附加设定值2：r442 = 总设定值：r481 =

（7）请选择驱动装置对 OFF_1 指令怎样响应。

驱动装置向 r481 = 运行，然后停车。

驱动装置向 r481 = 运行，然后不停车。

（8）修改参数设置，使驱动装置在下列条件下停车。

①给出 OFF$_1$ 指令后：　　　　　　　　　　P =

②附加设定值2（r442）小于5%　　　　　P =

③至少 3s 以后　　　　　　　　　　　　　P =

（9）设置已经"连接"到附加设定值2上的模拟量信号的参数，以满足所要求的端子电压与附加设定值2（r442）之间的关系。

①0V → +10%。

②+5V → −10%。

计算过程

P =

P =

四、模拟量输出功能

[实际操作]

项目要求：模拟量输出功能。

项目说明：设置模拟量输出的增益和偏移量。

操作过程：

（1）将附加设定值2（在前面的例子已经计算和设置了模拟量输入作为附加设定值2）作为模拟量输出1的输入，并设置增益和偏移量以满足下列关系。

①0% → −2V。

②+10% → +8V。

计算过程：

P640.1 =

P643.1 =

P644.1 =

（2）将模拟量输出中更改过的参数设置回它们的默认值。

P640.1 =0 P643.1 =10 P644.1 =0

注意事项如下。

（1）对领出的器件应仔细进行检查，发现问题向指导教师说明并更换。

（2）拆卸变频器前应仔细阅读用户手册，避免造成设备的损坏。

（3）安装及布线时应严格遵循国际电工委员会的安装标准。

（4）禁止私自对设备送电，送电时指导教师必须在场。

（5）接通电源前应仔细进行检查，确保无误时再按顺序进行送电。

（6）调试运行过程中发现异常现象应立即断开设备供电电源。

（7）任务完成后对实训器材应做好检查和退库工作。

（8）工作任务结束后要做好实训场所的公共卫生。

项目四　西门子 6SE70 变频器的 BICO 数据组切换功能

任务一　参数数据组

1. BICO 数据组（BICO Data Set，BDS）

1）作用

该数据组被调用时，可将变频器的操作单元、端子排、变频器的设定值和变频器的控制功能连接起来，完成变频器的基本输入/输出功能设定。

2）符号

BICO 参数在功能图中标以参数号 B，如图 10-15 所示。这些参数可有两个标号，这意味着，在每个参数标号下能够存储一个参数值，即能够存储总共两个参数。

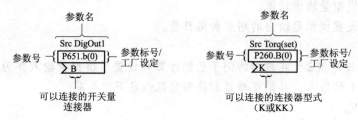

图 10-15　BICO 参数

3）特点

（1）激活的 BICO 数据组（BDS）决定目前使用的参数值。

例如，总共有两个值被存储在参数 P554 中（SrcON/OFF1）。

P554.1 = 10（如果 BICO 数据 1 被激活，则 ON 指令来自基本装置开关量输入口 1）。

P554.2 = 2100（如果 BICO 数据 2 被激活，则 ON 指令来自串行接口 1 第 1 个数据位的位 0）。

（2）各个 BICO 数据组用在控制字 2 中的控制字位 30 来选择（P590）。

（3）借助只读参数 r012（激活 BICODS）可显示被激活的 BICO 数据组。

（4）利用功能参数 P363，能够将一个 BICO 数据组（标号 1 和 2）的参数设定复制到另一个 BICO 数据组。

2. 功能数据组

1）作用

功能数据组（Function Data Set，FDS）被调用时，可完成变频器系统基本运行功能的设定，如 4 个固定设定值、一个用于防止谐振的跳跃频率带、一个给定积分器数据等。FDS 数据组有 4 组数据组可切换。变频器实际运行时，只用一组 FDS 数据。

2）符号

专用的功能参数在功能图中标以参数标号 F，如图 10-16 所示。有关参数可有 4 个标号，这意味着，在每个参数标号下能够存储一个参数值，即能够存储总共 4 个参数。

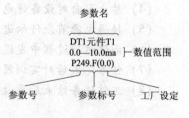

图 10-16　功能参数

3）特点

（1）激活的功能数据组（FDS）决定目前正使用的参数值。

例如，总共有 4 个值存储在参数 P462 中（加速时间）。

P462.1 = 0.50（如果功能数据组 1 被激活，则加速时间是 0.5s）。

P462.2 = 1.00（如果功能数据组 2 被激活，则加速时间是 1.0s）。

P462.3 = 3.00（如果功能数据组 3 被激活，则加速时间是 3.0s）。

P462.4 = 8.00（如果功能数据组 4 被激活，则加速时间是 8.0s）。

（2）各个功能数据组由控制字 2 中的位 16 和位 17 来选择（P567.B 和 P577.B）。

（3）可在任何时刻进行转换。

（4）借助参数 r013（Active Func Dset）可显示激活的功能数据组。

（5）利用功能参数 P364，能够将一个功能数据组（标号 1、2、3 和 4）的参数设定复制到另一个功能数据组。

3. 电动机数组

1）作用

电动机数据组（Motor Data Set，MDS）被调用时，可完成电动机参数的设定，如电动机的类型、额定电压、额定电流、额定频率等的设定。MDS 数据组有 4 组数据可切换，即对于不同电动机可以存储和选择开环和闭环控制参数。变频器实际运行时，只用到一组 MDS 数据。

2）符号

电动机参数在功能图中标以参数 M，如图 10 - 17 所示。有关参数可有 4 个标号，这意味着，在这些参数的每个参数标号下能够存储一个参数值，即能够存储总共 4 个参数。

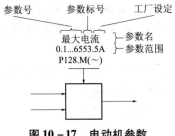

图 10 - 17　电动机参数

3）特点

（1）激活的电动机数据组（MDS）决定目前正使用的参数值。

例如，总共有 4 个值被存储在参数 P100 中（控制方式）。

P100.1 = 4（如果电动机数据组 1 被激活，则传动系统工作在有测速机的速度控制）。

P100.2 = 3（如果电动机数据组 2 被激活，则传动系统工作在无测速机的速度控制）。

P100.3 = 1（如果电动机数据组 3 或 4 被激活，则传动系统工作在 U/f 控制）。

P100.4 = 1（如果电动机数据组 3 或 4 被激活，则传动系统工作在 U/f 控制）。

（2）各个电动机数据组用在控制字 2 中的位 18 和位 19 来选择（P578.B 和 P579.B）。

（3）仅在传动系统脱离电源状态才能转换。

（4）利用功能参数 P362，能够将一个电动机数据组（标号 1、2、3 和 4）的参数设定复制到另一个电动机数据组。

任务二　功能单元模块

1. 计算和控制单元模块

计算和控制模块主要包括加法器、减法器、除法器、具有滤波功能的绝对值发生器、信号反向器、限幅器、限幅监视器、最大和最小值选择器、时间单元和特性模块。这些单元块通过功能码 U082 – U212 设定。

2. 逻辑单元模块

逻辑单元模块主要包括与单元块、或单元块、异或单元块、非单元块、RS 触发器和 D 触发器。这些单元块通过功能码 U221 – U292 设定。

 项目四的演练

［实际操作］

项目要求：BICO 数据组切换。

项目说明：将 BICO 数据组复制，更改后通过端子进行切换。

操作过程：

（1）将 BICO 数据组 1 复制到 BIO 数据组 2。

P =

（2）在恢复默认设置过程中，开关（端子 5）已被设置了"切换 BICO 数据组"功能，检查两个 BICO 数据组是否可以如下选择：

端子 5 = OFF　　　　BICO 数据组 1 有效　　　　RO12 =

端子 5 = ON　　　　　BICO 数据组 2 有效　　　　RO12 =

（3）确定选择 BICO 数据组 1 和 BICO 数据组 2 时驱动装置的响应是一致的（ON/OFF1 指令，固定频率的选择，模拟量输入功能）。

（4）更改两个 BICO 数据组的参数设置以满足下列要求：

端子 3 = OFF　　　　BICO 数据组 1 有效　　　　主设定值　　　　　=0
　　　　　　　　　　　　　　附加设定值 1　　　通过固定频率 9 ~ 12Hz
　　　　　　　　　　　　　　附加设定值 2　　　　　　　　　　=0

端子 3 = ON　　　　　BICO 数据组 2 有效　　　主设定值　　　通过 PMU 键
　　　　　　　　　　　　附加设定值 1 =0
　　　　　　　　　　　　附加设定值 2　　　　　　　　通过模拟量输入

P443.1 =　　　　　P433.2 =　　　　　P438.1 =

P443.2 =　　　　　P433.2 =　　　　　P438.2 =

注意事项如下。

（1）对领出的器件应仔细进行检查，发现问题向指导教师说明并更换。

（2）拆卸变频器前应仔细阅读用户手册，避免造成设备的损坏。

（3）安装及布线时应严格遵循国际电工委员会的安装标准。

（4）禁止私自对设备送电，送电时指导教师必须在场。

（5）接通电源前应仔细进行检查，确保无误时再按顺序进行送电。

（6）调试运行过程中发现异常现象应立即断开设备供电电源。

（7）任务完成后对实训器材做好检查和退库工作。

（8）工作任务结束后要做好实训场所的公共卫生。

项目五　西门子 6SE70 变频器的开环和闭环控制

任务一　变频器的控制系统结构

变频器的控制系统的组成包括 5 个部分，即设定值通道、反馈通道、控制器、功率单元（即主电路）和输出通道，如图 10 – 18 所示。

图 10 – 18　变频器系统结构

设定值通道：用于接受速度或频率的设定，并对其滤波和限幅。

反馈通道：用于接受闭环系统的速度反馈值。

控制器：对主要控制量，如速度、频率、电流等进行 PID 调节和其他方式的转换。

功率单元：用于接受电压和频率信号，以产生 PWM 波形。

输出通道：用于显示和输出系统的变量值，如频率、电压、电流等。

任务二　开环控制

下面以开环 U/f 控制模式变频器为例，介绍变频器控制系统的组态过程。

高性能变频器应用对于动态性能要求不高的场合，如泵、风机、简单的移动设备的单机传动和成组传动的频率控制时，采用 U/f 控制模式就是在保持变频器输出电压和输出频率比值恒定的基础上对电动机进行变频调速的。这种控制模式的特点使变频器的运行受其驱动的电动机参数变化影响小，在变频器容量允许的范围内，可用一台变频器驱动多台电动机。西门子 6SE70 系统变频器的 U/f 控制模式系统是由设定值通道、电流控制器、U/f 特性单元和功率单元（主电路）4 部分组成。组态成 U/f 控制模式的系统，如图 10 – 19 所示。各单元就针对不同的实际系统要求进行功能设定。图中各功能码说明请参阅 SIEMENS 6SE70 系统变频器的使用手册。

1. 设定值通道

设定值通道主要设置变频器的频率给定、频率的正负限幅、变频器的起动时间和变频器的停止时间。变频器的频率给定可由主给定给出，也可由附加给定 1 或附加给定 2 给出。变频器频率主给定通过功能码 P443 设置，为了减小变频器起动或停止时对电网的冲击和对电动机的冲出，在设定值通道上加入给定积分器和频率正负限幅，从而使变频器能实现软起动和软停止。给定积分的加速时间通过功能码 P462 设置，减速时间通过功能码 P464 设置，频率的正限幅通过功能码 P452 设置，频率的负限幅通过功能码 P453 设置。

2. 电流控制器

电流控制器主要调节变频器系统的动态电流，为了防止变频器的过电流，增加了最大电流限幅，变频器过电流保护遵循反时限原则。电流控制器的比例增益通过功能码 P331 设置，积分通过功能码 P332 设置。另外，在 *U/f* 控制模式下，为了改善变频器的转矩特性，增加了转差补偿功能，转差补偿器的比例增益通过功能码 P336 设置。

3. *U/f* 特性单元

U/f 特性单元是本控制系统的核心，对其参数的设置实际上就是设定 *U/f* 曲线。在 *U/f* 曲线上，需设定的参数有电动机额定电压、电动机额定频率、频率限幅、电压提升、转矩提升结束频率、*U/f* 曲线类型。通过功能码 P101 设置电动机额定电压是定义变频器驱动电动机在额定频率以下是恒转矩调速，在额定频率以上是恒功率调速。通过功能码 P293 设置频率限幅值，以防止变频器运行电动机超速。通过功能码 P325 设置电压提升是为了在低频时补偿电动机转矩。通过功能码 P326 设置转矩提升结束频率。通过功能码 P330 设置曲线类型，即曲线弯度。

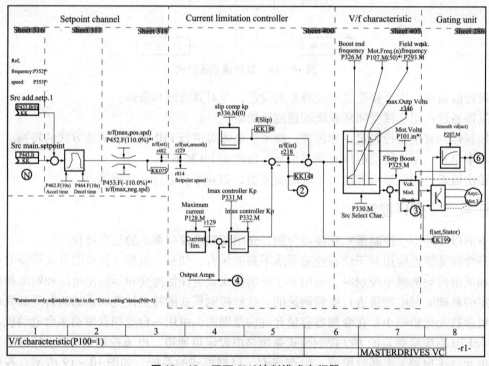

图 10 – 19　开环 *U/f* 控制模式变频器

4. 功率单元

变频器功率单元（主电路）中的一些参数已在变频器出厂时设定完毕，如需修改可参阅参数设置流程。另外，可通过功能码 P287 设置直流电压采样时的滤波时间常数。

系统工作过程：首先频率给定信号通过给定 P443 和附加给定 1 P443 进行设置，它们的设定源主要有编程单元（PMU、OPIS 或计算机）、模拟输入端子和串行口 USS，然后经过给定积分器与动态电流限制信号作用后，再经过转差补偿，形成电动机转速的给定信号。为了遵循 *U/f* = *C* 控制模式，将该信号分成两路：一路去频率控制环节，用于控制系统频率；另一路去电压控制环节，用于控制系统输出电压，并通过 *U/f* 特性单元，保证电压和频率的协调控制。在本系统中，由于转速控制是开环的，不能让主给定 P443 或附加给定 P433 直接加到控制系统上，否则会产生很大的冲击电流而使变频器跳闸，故在给定电源之后设置了给定积分器，通过 P462、P464 设定系统的加速时间和减速时间，以使电动机转速能平缓地增加和减小。电流控制器主要是限制动态电流的作用，可通过 P128 设定变频器允许的最大电流，这样当变频器因负载扰动而超过 P128 设置的最大电流时，电流控制器输出变正，使频率给定和电压给定大幅上升，变频器立即跳闸，进行自身保护，从而既保护了变频器，又保护了电动机。对于具有 $U/f=C$ 控制模式的变频器，由于电动机定子压降的影响，在低频时存在电动机转矩不足的缺点，为了弥补这种不足，本系统采取了 3 种措施：一是通过功能码 P325 在 U/f 特性曲线中进行电压提升；二是通过 P330 功能码改变 U/f 曲线类型；三是通过功能码 P336 进行转差补偿。

任务三　闭环控制

下面以有速度传感器矢量控制变频器为例，介绍变频器控制系统的组态过程。

高性能变频器驱动电动机时，当有较高动态特性和较高速度精度要求时，必须采用矢量控制模式，这样才能充分发挥高性能变频器的优点。西门子 6SE70 系列变频器的有速度传感器的矢量控制系统由设定值通道、速度控制器、转矩电流限幅单元、电流控制器、矢量控制单元和功率单元组成。组态成矢量控制的系统如图 10 – 20 所示，单元应针对不同的实际系统要求进行设定。

1. 设定值通道

设定值通道由速度给定单元和速度反馈单元两部分组成。速度给定单元的设置包括速度主给定、速度附加给定 1、速度附加给定 2、速度给定的正负限幅、转矩给定的正负限幅、给定积分器的加减速时间及用于转矩前反馈控制时的系统起动时间和比例增益。速度反馈单元的设置包括速度传感器类型、脉冲编码器的脉冲数或模拟测速发电机的最大转速值、实际速度滤波时间常数。用速度给定单元进行组态时，需设定的功能码有：主给定 P443、附加给定 1 P433、附加给定 2 P438、速度的正限幅 P452 和负限幅 P453、转矩给定的正限幅 P492和负限幅 P498、给定积分器的加速时间 P462 和减速时间 P464、用于转矩前馈控制的系统起动时间 P116 和比例增益 P471。用速度反馈单元进行组态时，需设定的功能码有脉冲编码器脉冲数 P151 或模拟测速发电机的最大转速值 P138、速度传感器的类型 P130、实际速度滤波时间常数 P216。

2. 速度控制器

速度控制器主要对系统速度进行动态调节，为了消除速度静差和提高系统控制精度，采用 PI 控制器，通过功能码 P235 设置比例增益，通过功能码 P240 设置积分增益，通过功能码 P223 设置速度反馈的滤波时间常数。

3. 转矩、电流限幅单元

为了防止变频器起动、运行和停止时过电流，设置了转矩、电流限幅单元。系统最大电流通过功能码 P128 设置，变频器允许回馈的最大有功功率通过功能码 P259 设置。

4. 电流控制器

矢量控制模式系统仿照了直流调速系统的控制模式，将通入交流电动机中产生转矩的电流和产生磁通的电流分离开来，分别进行控制。本系统的电流控制器包括用于控制电动机转矩的电流控制器和用于控制电动机磁通的电流控制器。电流控制器的比例增益通过功能码 P283 设置，积分增益通过功能码 P284 设置，控制系统脉冲调制类型通过功能码 P339 设置。

5. 功率单元

变频器功率单元（主电路）中的一些参数已在变频器出厂时设定完毕，如需修改可参阅参数设置流程。另外，可通过功能码 P287 设置直流采样时的滤波时间常数。

6. 矢量控制单元

矢量控制单元是整个控制系统的核心，包括电动机模型、电动机 EMF（电动势）模型、矢量变换模型和磁通调节器，如图 10-20 所示。其中，电动机转子电阻温度系数通过 P127 功能码设置，电动机 EMF 调节器的比例增益通过功能码 P315 设置，积分增益通过功能码 P316 设置，磁通调节器调制温度系数通过功能码 P344 设置。

系统工作过程：速度给定信号通过主给定 P443 或附加给定 1 P433 和附加给定 2 P438 进行设置，它们的设置源主要有编程单元（PMU、OPIS 和计算机）、模拟输入端子和串行口 USS。然后经过速度控制器，再除以磁通即形成了电动机的转矩电流给定值，再经过转矩电流控制器，达到对电动机转矩进行控制的目的。同时，系统的磁通控制器产生电动机的磁通电流给定值，再经过磁通电流控制器，达到对电动机进行控制的目的。在本系统中，速度反馈所用的传感器类型通过功能码 P130 设置；若采用光电编码器，通过功能码 P151 设定每转脉冲数；若采用模拟测速发电机，通过功能码 P138 设定测速发电机最高转速。为了增强系统的快速性采取了两种措施：一是通过功能码 P438 设置，在给定积分器后加入了附加给定；二是在速度控制器后面增加了转矩的前馈控制，通过功能码 P116 设置前馈控制的起动时间，通过功能码 P471 设置前馈控制的比例增益。本系统由于是矢量控制的起动时间，通过矢量控制单元是非常重要的，这主要通过设置电动机的电流模型、电动机的 EMF 模型和磁通调节器来完成电流和电压的矢量变换。另外，由于矢量控制变频器主要以控制电动机转矩为主，所以要有电动机转矩限定环节，以防止变频器由于负载干扰而生成的过电流，这通过功能码 P492、P298、P128 和 P259 来完成。

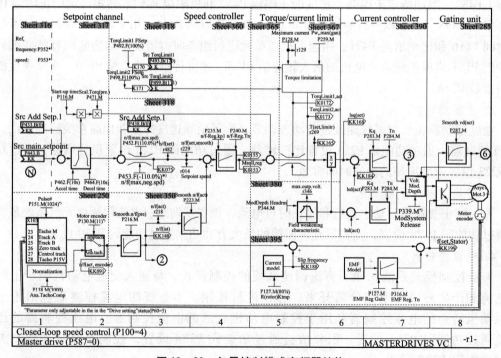

图 10-20　矢量控制模式变频器结构

项目五的演练

[实际操作1]

项目要求：n 控制方式 P100.1 = 4

项目说明：在此方式下进行设定值阶跃响应。

操作过程：

（1）选择了运行方式"速度控制"。利用"调节器优化，P115 = 5"以及"动态系统 P536.1 = 50%"变频器进行自动优化。

（2）观察变频器速度调节器对设定值突变的响应。

①将模拟量输入 AI1 的偏移量设置成 0：P363.1 = 0。

②选择 BICO 数据组 2：端子 5 = ON。

a. 附加设定值 2 通过电动电位器/PMU——键。

b. 附加设定值 2 通过模拟量输入 AI1。

③修改完参数后，用端子 8 起动变频器。

④关断模拟量输入 AI1，用 PMU – 键设定频率 + 20%。

⑤在模拟量输入端上用电位器设定一个附加频率 + 5Hz，合上模拟量输入通道上的开关后该频率叠加到 20Hz 频率上。

⑥用两路模拟量输出 AO1 和 AO2 记录突加设定值和突加负载时，转速实际值 n/f. actual（r218/KK148）和定子电流转矩分量设定值 i_{sq}（r272/k167）的波形。

P640.1 =　P640.2 =

⑦记录当前动态系数（P536 = 50%）下 n/f 调节空器自动优化过程中确定的参数值，见表 10 – 10。

表 10 – 10　动态系数参数值

动态系数	P536.1 = 50%	P536.1 = 20%	P536.1 = 100%
P116.1 起始时间			
P223.1n/f 实际值的滤波时间常数			
P235.1n/f 调节器比例系统 KP1			
P236.1n/f 调节器比例系统 KP2			
P240.1n/f 调节器积分时间常数			
P471.1n/f 调节器预调节增益			

⑧将动态系统设置成 20%（100%），执行 n/f 调节器自动优化（P115 = 5，起动），记录转速实际值和电流的转矩分量并完成表 10 – 10。

[实际操作2]

项目要求：电机数据组切换

项目说明：4 套电动机数据组可以用于存放 4 台不同电动机的参数或不同控制方式（包括开环控制和闭环控制）的参数，然后通过将一定的逻辑状态赋给相应的控制位来选择当前所需的电机数据组。

操作过程：

（1）将已经设置和优化过的电动机数据组 MDS1 复制到电动机数据组 MDS2、MDS3 和 MDS4。

复制 MDS1 MDS2 P =

复制 MDS1 MDS3 P =

复制 MDS1 MDS24 P =

（2）按表 10－11"连接"端子 3 和 4 以选择电机数据组。

表 10－11　电机数据组

端子 3	端子 4	选择的 MDS
0	0	MDS1
0	1	MDS2
1	0	MDS3
1	1	MDS4

P =

P =

（3）用显示参数 r011 检查对所求的电动机数据组的选择（虽然可以随时选择电动机数据组，但所选的电动机数据组只有在"控制字 1，bit = 0"状态下才生效）。

[实际操作 3]

项目要求：U/f 控制对突加设定值的响应。

项目说明：电动机数据组 MDS2 用于设置和测试开环控制方式，"U/f 特性"。

操作过程如下。

（1）控制方式"U/f 控制"在"详细参数设置、系统设置"中选择。

（2）按下面列出的步骤选择运行方式"U/f 控制"。注意电动机数据组 MDS2 的值必须输入变址 2：

P060 = 5　　　　选择"系统设置"菜单

P100.2 = 1　　　选择"U/F 控制"

P115 = 1　　　　执行"自动参数设置"优化过程

P060 = 1　　　　返回参数菜单

（3）选择电动机数据组 MDS2，U/F 控制（端子 3 = OFF，端子 4 = ON）；

P115 = 2　　　　执行"静止状态电动机识别"优化过程

ON　　　　　　　端子 8 = ON

＞优化运行

OFF1　　　　　　端子 8 = OFF

（4）记录轴转速实际值（通过电动机轴上模拟测速机的测量值）和转矩电流实际值 i_{sq}/K184 对突加设定值的响应（20Hz ~ 25Hz）。

（5）起动变频器，加速到 40Hz 后突加负载。记录轴转实际值和转矩电流实际值 i_{sq}/K184 的波形。

（6）设置转差率补偿系统 75%，起动变频器，起速到 40Hz 后突加负载。记录轴转速实际值和转矩实际值 i_{sq}/K184 的波形。

P336. 2 =

（7）设置转矩电流的滤波时间常数，使由于突加负载而引起的转速下降大约在200ms后被补偿，记录轴转速实际值和转矩电流实际值 i_{sq}/K184 的波形。

P335. 2 =

注意事项如下。

（1）对领出的器件应仔细进行检查，发现问题向指导教师说明并更换。

（2）拆卸变频器前应仔细阅读用户手册，避免造成设备的损坏。

（3）安装及布线时应严格遵循国际电工委员会的安装标准。

（4）禁止私自对设备送电，送电时指导教师必须在场。

（5）接通电源前应仔细进行检查，确保无误时才可按顺序进行送电。

（6）调试运行过程中发现异常现象，应立即断开设备供电电源。

（7）任务完成后对实训器材做好检查和退库工作。

（8）工作任务结束后要做好实训场所的公共卫生。

项目六　西门子 6SE70 变频器与 S7 – 300PLC 的联机运行

任务一　硬件和软件需求

1. 硬件

（1）S7 – 300PLC，包含电源模块、CPU、DI/DO、AI/AO 等。

（2）6SE70 变频器。

2. 软件

STEP7 V5. X。

任务二　硬件接线图

图 10 – 21 所示为需要的硬件接线图，选用 S7 – 300 的 314CPU 作为控制器，连接一个 6SE70 变频器。

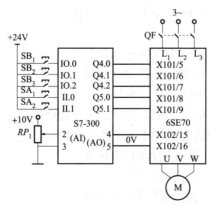

图 10 – 21　S7 – 300PLC 与 6SE70 变频器联机运行硬件接线

任务三　STEP7 硬件组态及程序编写

1. 新建项目

在 STEP7 中创建一个新项目。右击，在弹出的快捷菜单中选择 Insert New Object→SIMATIC 300 STATION 命令，插入 S7 – 300 站，如图 10 – 22 所示。

图 10 – 22　在新建项目中插入 S7 – 300 站

2. 硬件组态

双击 Hardware 选项，进入 HW Config 窗口。单击 Catalog 图标打开硬件目录，按硬件安装次序和订货号依次插入机架、电源、CPU、DI、DO、AI、AO 等模块进行硬件组态，地址选用默认即可，如图 10 – 23 所示。

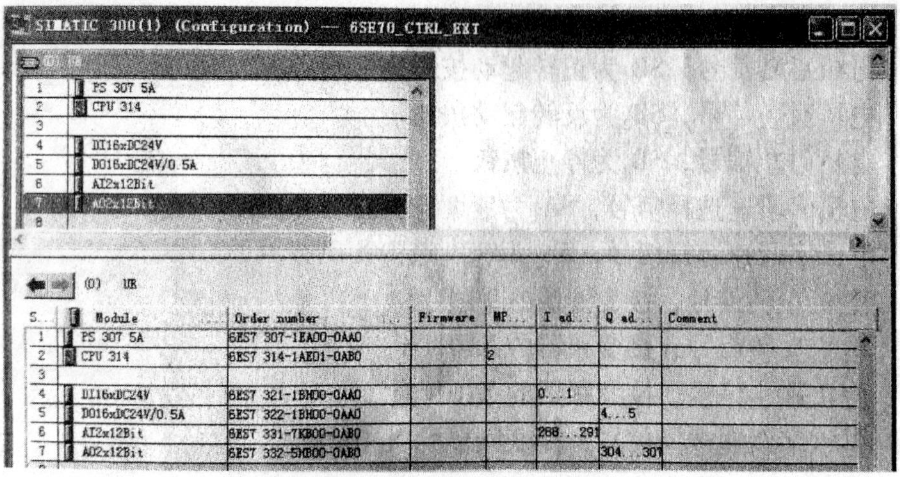

图 10 – 23　SIMATIC 中硬件组态结果

3. 程序编写

图 10 – 24 所示，在组织块 OB1 中编写以下程序。

其中，I/O 地含义如下。

I0.0：电动机正转信号，SB1 为正转起动按钮。

I0.1：电动机反转信号，SB1 为反转起动按钮。

I0.2：电动机正转信号，SB1 为停止按钮。

I1.0：电动机多段速选择信号，SA1 为速度选择拨码开关。

I1.1：电动机多段速选择信号，SA2 为速度选择拨码开关。

Q4.0：电动机正转信号，接变频器的 X101/5。

Q4.1：电动机反转信号，接变频器的 X101/6。

Q4.2：电动机停止信号，接变频器的 X101/7。

Q5.0：电动机多段速选择信号，接变频器的 X101/8。

Q5.1：电动机多段速选择信号，接变频器的 X101/9。

PIW288：PLC 模拟量输入地址，对应模拟量输入端子的"2""3"，决定模拟量控制下的电动机的速度。

PQW304：PLC 模拟量输出地址，对应模拟量输入端子的"4""5"，将模拟量控制下的电动机的速度给变频器。

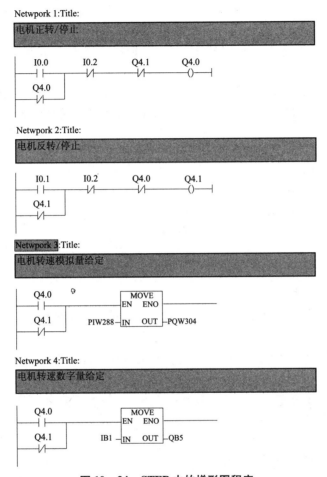

图 10 – 24 STEP 中的梯形图程序

任务四 变频器的参数设置

要使 PLC 的控制信号能够通过变频器的外部端子进入变频器，需要首先对变频器做以下参数设置。

P060 = 3	（快速参数设置）
P071 = 380	（装置进线电压）
P095 = 10	（电动机类型）
P100 ~ P109	（根据电机铭牌设置相应的参数）
P368 = 1	（控制命令来源于端子排）
P370 = 1	（起动快速参数设置）

P060 = 0　　　　　　　　　　　　　　　（返回用户菜单）

项目六的演练

[实际操作1]

项目要求：PLC 通过模拟控制 6SE70 变频器实现电动机的无级调速

项目说明：利用 PLC 通过模拟量输出的方式来控制变频器带动电动机实现无级调速。

操作过程如下。

（1）对硬件线路进行连接，如图 10 - 21 将 PLC 与变频器以及外部开关等信号连接起来。

（2）对变频器的参数进行设置。要想实现 PLC 通过模拟量信号来控制变频器实现电动机的无级调速，除了要依照前文中叙述的参数设置内容对变频器进行参数设置以外，还要对变频器的参数做以下修改。

P443 = 11（速度命令来源于模拟量接口 15、16）

P653 = 0（设置 X101/5 为数字量输入）

P554 = 14（设置 X101/5 为变频器启动信号）

P571 = 16（设置 X101/6 为变频器正转信号）

P572 = 18（设置 X101/7 为变频器反转信号）

（3）在 STEP7 软件中硬件进行组态，并且依据前文中所叙述的程序进行软件编程。

（4）将完整的 STEP7 项目下载到 PLC 后上电进行测试。

[实际操作2]

项目要求：PLC 通过数字量控制 6SE70 变频器实现电机多段速调速。

操作过程如下。

（1）对硬件线路进行连接，如图 10 - 21 将 PLC 与变频器以及外部开关等信号连接起来。

（2）对变频器的参数进行设置。要想实现 PLC 通过数量信号来控制变频器实现电机的多段速调速，除了要依照前文中叙述的参数设置内容对变频器进行参数设置以外，还需要对变频器的参数个以下修改。

P443 = 40（速度命令来源于数字量输入）

P653 = 0（设置 X101/5 为数字量输入）

P554 = 14（设置 X101/5 为变频器启动信号）

P571 = 16（设置 X101/6 为变频器正转信号）

P572 = 18（设置 X101/7 为变频器反转信号）

P580 = 20（设置 X101/8 为固定频率第 0 位）

P581 = 40（设置 X101/9 为固定频率第 1 位）

（3）在 P401 ~ P404 中设置 4 个固定频率，分别对应电动机的 4 个不同转速。

（4）在 STEP7 软件中对硬件进行组态，并且依据前文中所叙述的程序进行编程。

（5）将完整的 STEP7 项目下载到 PLC，上电进行测试。

注意事项如下。

（1）对领出的器件应仔细进行检查，发现问题向指导教师说明并更换。

（2）拆卸变频器前应仔细阅读用户手册，避免造成设备的损坏。

（3）安装及布线时应严格遵循国际电工委员会的安装标准。

（4）禁止私自对设备送电，送电时指导教师必须在场。

（5）接通电源前应仔细进行检查，确保无误时才可按顺序进行送电。

（6）调试运行过程中发现异常现象应立即断开设备供电电源。

（7）任务完成后对实训器材做好检查和退库工作。

（8）工作任务结束后要做好实训场所的公共卫生。

项目七　西门子 6SE70 变频器的 PROFIBUS 通信

任务一　硬件和软件需求

1. 硬件

（1）S7 - 300，其中 CPU 为 315 - 2DP 型。

（2）6SE70 变频器。

（3）CBP2，用于安装在 6SE70 变频器上，使之成为 PROFIBUS - DP 从站。

（4）带有 CP5611 的编程器。

2. 软件

STEP7 V5. X

任务二　网络配置图

图 10 - 25 所示为已组态好的网络配置图，本例中选用 S7 - 300 的 315 - 2DP CPU 作为 PROFIBUS - DP 主站，连接一个 6SE70 变频器。

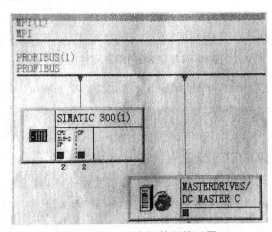

图 10 - 25　组态好的网络配置

任务三　网络组态及参数设置

1. 组态主站系统

（1）新建项目。在 STEP7 中创建一个新项目。右击，在弹出的快捷菜单中选择 Insert New

Object→SIMATIC 300 STATION 命令，插入 S7 - 300 站，如图 10 - 26 所示。

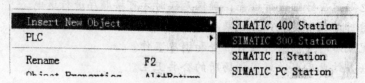

图 10 - 26　在新建项目中插入 S7 - 300 站

（2）组态硬件。双击 Hardware 选项，进入 HW Config 窗口。单击 Catalog 图标打开硬件目录，按硬件安装次序和订货号依次插入机架、电源、CPU 等进行硬组态。

插入 CPU 时会同时弹出 PROFIBUS 组态界面。选择 New 新建 PROFIBUS（1），组态 PROFIBUS 站地址，本例中为 2。单击 PROPERTIES 按钮组态网络属性，选择 Network Settings 选项卡进行网络参数设置，在本例中设置 PROFIBUS 的传输速率为 1.5Mbit/s 行规为 DP，如图 10 - 27 所示。

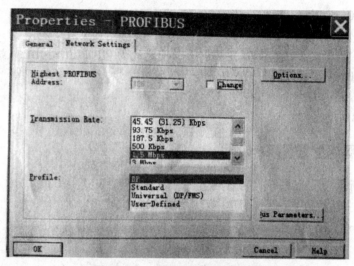

图 10 - 27　PROFIBUS 属性配置

在 PROFIBUS 的属性 Operation Mode 中，将其设为 DP master，如图 10 - 28 所示。

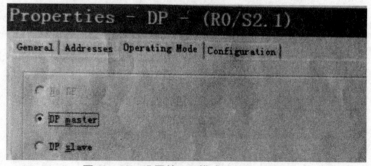

图 10 - 28　设置的 DP 模式为 DP master

单击 OK 按钮确定，主站系统组态完成。

2. 组态从站

在 DP 网上插入 PROFIBUS 从站，如图 10 - 29 所示。

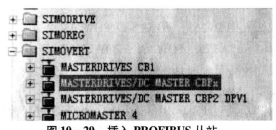

图 10 - 29 插入 PROFIBUS 从站

选择 MASTERDRIVES/DC MASTER CBPx，连接到 DP 网络上，定义 PROFIBUS 站地址，本例中为 3 号站，然后对 Master Drive 的通信区进行组态。通信区与应用有关，如果需要读写 Master Drive 参数，则需要 PKW 数据区，如果除设定值和控制字以外，还需传送其他数据，则要选择多个 PZD。双击从站图标，通信口区选择如图 10 - 30 所示。

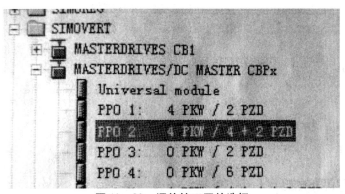

图 10 - 30 通信接口区的选择

在这种模式下，还可以选择从站 - 从站通信。

不同的 PRO 类型指定的通信接口区大小不同，本例中选择 PRO 类型为 2，即 4 个 PEK 和 4 + 2 个 PZD。由于 PZD 的数据格式默认为 Entire Length，所以在 PLC 编程时需要在程序中调用 SFC14、SFC15 来读写数据。

图 10 - 31 显示了组态完成后的通信区，对应到主地址分配情况如下。

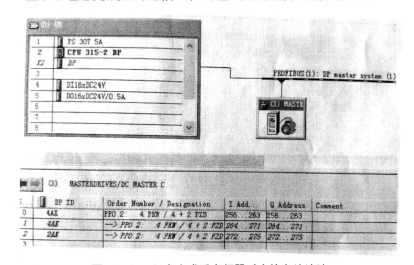

图 10 - 31 组态完成后变频器对应的主站地址

其中：

PKW 数据区为 PIW256 ~ PIW263，PQW256 ~ PQW263。

PZD 数据区为 PIW64 ~ PIW275，PQW264 ~ PQW275。

组态完成后须设置变频器 Master Drive 的参数。

3. Master Drive 参数的设置

要使变频器能够用 PLC 通过 PROFIBUS 来控制，也需要对变频器进行以下参数设置。

P060 = 3	（快速参数设置）
P071 = 380	（设置进线电压）
P095 = 10	（电动机类型）
P100 - P109	（根据电动机的铭牌设置相应的参数）
P368 = 6	（控制命令来源为 PROFIBUS）
P370 = 1	（启动快速参数设置）
P060 = 0	（返回用户菜单）
P060 = 4	（电子板设置菜单）
P711. 001 = 0	（通信方式）
P918 = 3	（从站 PROFIBUS 站号）
P060 = 1	（返回参数菜单）
P734. 001 = 32	（设置状态字）
P734. 002 = 20	（电动机运行频率）

任务四　程序的编写

1. 定义数据块

建立数据如 DB1，将数据块中的数据地址与从站（Master Drive）中的 PZD、PKW 数据相对应，如图 10 - 32 所示。

Address	Name	Type	Initial value	Comment
0.0		STRUCT		
+0.0	FKE_R	WORD	W#16#0	
+2.0	IND_R	WORD	W#16#0	
+4.0	PWE1_R	WORD	W#16#0	
+6.0	PWE2_R	WORD	W#16#0	
+8.0	PZD1_R	WORD	W#16#0	状态字1
+10.0	PZD2_R	WORD	W#16#0	频率
+12.0	PZD3_R	WORD	W#16#0	电流
+14.0	PZD4_R	WORD	W#16#0	状态字2
+16.0	PZD5_R	WORD	W#16#0	电压
+18.0	PZD6_R	WORD	W#16#0	
+20.0	FKE_W	WORD	W#16#0	
+22.0	IND_W	WORD	W#16#0	
+24.0	PWE1_W	WORD	W#16#0	
+26.0	PWE2_W	WORD	W#16#0	
+28.0	PZD1_W	WORD	W#16#0	
+30.0	PZD2_W	WORD	W#16#0	
+32.0	PZD3_W	WORD	W#16#0	
+34.0	PZD4_W	WORD	W#16#0	
+36.0	PZD5_W	WORD	W#16#0	
+38.0	PZD6_W	WORD	W#16#0	
=40.0		END_STRUCT		

图 10 - 32　定义数据块 DB1

2. 调用特殊模块

在组织块 OB1 中调用特殊模块 SFC14 和 SFC15，完成从站（Master Drive）数据的读和写，如图 10-33 所示。

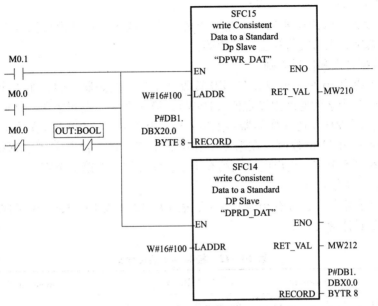

图 10-33　在 OB1 中调用 SFC14、SF15

其中：

SFC14（"DPRD_DAT"）用于读 PROFIBUS 从站（Master Drive）的数据。

SFC15（"DPRD_DAT"）用于将数据写入 PROFIBUS 从站。

此外，整个 S7 中的 block 程序还应该包含 OB85～OB87、OB100、OB121、OB122 启动组织块和故障诊断组织块等，如图 10-34 所示。

Object name	Symbolic name	Created in lang.	Size in the wor.	Type
System data	—	—	—	SDB
OB1		LAD	758	Orga
OB85		STL	38	Orga
OB86		STL	38	Orga
OB87		STL	38	Orga
OB100		LAD	38	Orga
OB121		STL	38	Orga
OB122		STL	38	Orga
DB1		DB	76	Data
VAT1			—	Vari
SFC14	DPRD_DAT	STL	—	Syst
SFC15	DPWR_DAT	STL	—	Syst

图 10-34　一个完整的程序中包含的块

具体功能块参数如下。

（1）LADDR：硬盘组态时 ZPD 的起始地址 W#16#100 即 256（十进制）。

（2）RECORD：数据块（OB1）中定义的 PZD 数据区相对应的数据地址。

（3）RET_VAL：程序块的状态字，可以以编码的形式反映出程序的运行状态及错误信息。M0.0 为 1 时执行程序，在本例中设定值和控制字可以从数据块 DB1 中传送，先置位

DB1. DBX20. 2（控制字第 11 位），然后再将 DB1. DBX21. 0（控制字第 1 位）置为 1，则 DB1. DBW22 中的频率值将输出。状态字长实际值可从 DB1. DBW8、DB1. DBW10 读出。要对变频器其他不同的参数进行设置，只要改变 RECORD 地址里的数值即可。

3. 对 PZD（过程数据区）读写

通过 PLC 编程可以读写 RECORD 地址里的数值，从而读写过程数据区里面的内容，包括控制字、状态字、主给定值和主实际值等。

1）PZD 数据含义和传送规则

PZD 最多可以由 16 个字组成。在 PZD 接收（主站→变频器）时，第 1 个字为控制字 1（STW1），第 2、3 个字为速度主设定值（HSW），第 4 个字为控制字 2（STW2），第 5 个字为附加给定值。在 PZD 发送（变频器→主站）时，状态字 1（ZSW1）在第 1 个字发送，速度实际值（HIW）为 32 位数值，在第 2 个和第 3 个字发送，状态字 2（ZXW2）在第 4 个字，输出电压在第 5 个字，输出电流在第 6 个字，实际转矩在第 7 个字。

2）控制字和状态字的位含义

控制字和状态字每一位都有相应的含义，表 10 - 12 和表 10 - 13 给出了控制字 1 和状态字 1 的每一位的具体含义。

表 10 - 12 控制字 1 的位含义

Bit No.	meaning	Bit No	meaning
Bit D	0 = OFF1, shutdown via ramp - function generator, followed by pulse disable 1 = ON operation condition (edge - controlled)	Bit8	1 = inching bit0
Bit1	0 = oFF2, pulse disable, motor coasts down 1 = Operation condition	BIT9	1 = Inching bit1
Bit2	0 = OFF3 quick stop 1 = operation condition	Bit10	1 = Control requested 0 = No control requested
Bit3	1 = Inverter enable, pulse enable 0 = Pulse disable	Bit11	1 = Clockwise phase sequence enable 0 = Clockwise phase sequence disable
Bit4	1 = Ramp - function generator enable 0 = set ramp - function generator to D	Bit12	1 = counter - clockwise phase sequence Enable 0 = counter - clockwise phase sequence disable
Bit5	1 = Start ramp - function generator 0 = Stop ramp - function generator	Bit13	1 = Raise mot. potentionmeter
Bit6	1 = Setpoint enable 0 = Setpoint disable	Bit14	1 = Lower mot. potentionmeter
Bit17	0 = >1 Edge fault acknowledgement	Bit15	0 = External fault1 1 = No external fault

表 10 - 13 状态字 1 的位含义

Bit No.	meaning	Bit No.	meaning
Bit D	1 = Ready to switch on 0 = Not ready to switch on	Bit8	1 = No setpoint/actual value deviation detected 0 = setpoint/actual value deviation

Bit No.	meaning	Bit No.	meaning
Bit1	1 = Ready for operation（DC link loaded，pulses disabled） 0 = Not ready for operation	Bit9	1 = PZD control requested（always1）
Bit2	1 = Run（voltage at output terminals） 0 = Pulses disable	Bit10	1 = comparison value reached 0 = comparison value not reached
Bit3	1 = Fault active（pulses disable） 0 = No fault	Bit11	1 = Message low voltage 0 = Message no low voltage
Bit4	0 = OFF2 active 1 = No OFF2	Bit12	1 = Request to energize main contactor 0 = No Request to energize main contactor
Bit5	0 = OFF3 active 1 = No OFF3	Bit13	1 = Ramp – function generator active 0 = Ramp – function generator not active
Bit6	1 = Switch – on inhibit 0 = No Switch – on inhibit（possible to switch on）	Bit14	1 = positive speed setpoint 0 = Negative speed setpoint
Bit7	1 = Warning active 0 = No warning	Bit15	1 = Kinetic buffering/flexible response active 0 = Kinetic buffering/flexible response inactive

4. 对 PKW（参数区）读写

读写过程和对 PZD（过程数据）的读写相同，只要编程改变 RECORD 地址里的数值即可。

1）PKW 数据含义和传送规则

周期通信：利用 PROFIBUS – DP 地址访问 PKW 的方式是 PROFIBUS – DP 周期通信对 PKW 区数据的访问是同步通信，即发一条信息，得到返回值后才能发第二条信息。

PKW 一般包含 3 或 4 个字，如图 10 – 35 所示。

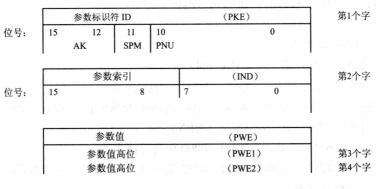

图 10 – 35　PKW 中字的含义

（1）AK 发送数据常用值：1、2、3、6、7、8、11、12、13、14。

1：读请求（无数据分组）。

2：写请求（无数据分组、单字）。

3：写请求（无数据分组、双字）。

6：读请求（有数据请求）。

7：写请求（有数据请求、单字）。

8：写请求（有数据请求、双字）。

11：修改参数值（数据分组，双字，RAW 和 EEPROM 都修改）。

12：修改参数值（数据分组，单字，RAW 和 EEPROM 都修改）。

13：修改参数值（无数据分组，双字，RAW 和 EEPROM 都修改）。

14：修改参数值（无数据分组，单字，RAW 和 EEPROM 都修改）。

（2）SPM 返回数值：1、2、4、5、7）。

1：传送参数值（单数）。

2：传送参数值（双数）。

4：传送参数值（数组、单数）。

5：传送参数值（数组、双数）。

7：任务不能执行

（3）PUN：参数号。

当读写 0000 ~ 1999 的参数时，直接将数值转换为十六进制即可。

0 ~ 999（P000 ~ P999，r000 ~ r999）。

1000 ~ 1999（H000 ~ H999，d000 ~ d999）。

当读写 2000 ~ 3999 的参数时，将数值减去 2000 再转换为十六进制 2000 ~ 2999（U000 ~ U999，n000 ~ n999）。

3000 ~ 3999（L000 ~ L999，c000 ~ c999）。

（4）IND 的 8 ~ 12 位，数据分组编号，常用值：0、1、2 等。

（5）IND 的 4 ~ 7 位，参数选择位，常用值：0H、8H。

当读写 0002 ~ 1999 的参数时，该位为：0H。

当读写 2000 ~ 3999 的参数时，该位为：8H。

2）实例

读写 0000 ~ 1999 的参数：

如读写 P554i001，PNU 为 554 = 22A（HEX）。

PLC PKW 输出 = 622A，0100，0000，0000 6 为读请求。

PLC PKW 输出 = 422A，0100，0000，3100 返回 4 为单字长，值为 3100。

如读写 P734i001，PNU 为 734 = 2DE（HEX）。

PLC PKW 输出 = 62DE，0100，0000，0000 6 为读请求。

PLC PKW 输出 = 42DE，0100，0000，0032 返回 4 为单字长，值为 0032。

读写 2000 ~ 3999 的参数：

如读写 U20，PNU 为 20 = 14（HEX）。

PLC PKW 输出 = 6014，0180，0000，0000。

6 为读请求；1 为数组中第一个参数；8 为参数 2000 ~ 3999。

PLC PKW 输出 = 4014，0180，0000，0008。

返回 4 为单字长，值为 8。

如写 U20，PNU 为 20 = 14（HEX）。

PLC PKW 输出 =7014，0180，0000，0000。

6 为写请求；1 为数组中第一个参数；8 为参数 2000 ~ 3999；写 0 - U20 中。

PLC PKW 输出 =4014，0180，0000，0008。

返回 4 为单字长，值为 0。

以上是 PROFIBUS - DP 周期数据访问，还可以利用非周期进行数据访问。

非周期性通信：周期性通信可以通过调用 SFC14、SFC15 直接访问 PKW 和 PZD，数据交换速度快、实时性好。当对通信实时性要求不高时，可以利用非周期性数据通信方式，但只能读写 PKW 数据。非周期性数据通信可以一次读写一个参数中的多个 INDEX 里的数值，减少了 CPU 通信的负载。周期性数据通信在 PLC 中调用 SFC58、SFC59，数据记录号为 100，从站地址可以在硬件组态中找到。

非周期性通信的最大数据量为 206B，另外 PKW 中 IND 参数中高、低字节的含义与周期性通信相反，若对非周期性通信程序调用感兴趣，可以参考相关资料。

项目七的演练

项目要求：PLC 通过 PROFIBUS 控制变频器。

项目说明：通过对 PLC 进行编程以及对变频器进行参数设置，实现 PROFIBUS 通信模式下的 PLC 控制变频器来驱动电动机实现任意转速的正/反转。

操作过程如下。

（1）通过 PROFIBUS 通信电缆，将 PLC 与变频器进行连接；通过 MPI 电缆将 PLC 与计算机进行连接；完成其他的硬件连接。

（2）打开 STEP 软件，通过软件实现整个 PROFIBUS 网络的组态，正确地选择 PRO 板，并为 PZD、PKW 分配地址。

（3）建立数据块 DB1，将数据块中的数据地址与从站（变频器）中的 PZD、PKW 数据相对应，在 OB1 中完成主程序的编写，并调用通信用的相应的组织块。

（4）将编写好的程序通过 MPI 数据线下载到 PLC，通电调试，实现电机的起/停、正/反转以及不同转速运行等功能。

注意事项如下。

（1）对领出的器件应仔细进行检查，发现问题向指导教师说明并更换。

（2）拆卸变频器前应仔细阅读用户手册，避免造成设备的损坏。

（3）安装及布线时应严格遵循国际电工委员会的安装标准。

（4）禁止私自对设备送电，送电时指导教师必须在场。

（5）接通电源前应仔细进行检查，确保无误时才可按顺序进行送电。

（6）调试运行过程中发现异常现象应立即断开设备供电电源。

（7）任务完成后对实训器材做好检查和退库工作。

（8）工作任务结束后要做好实训场所的公共卫生。

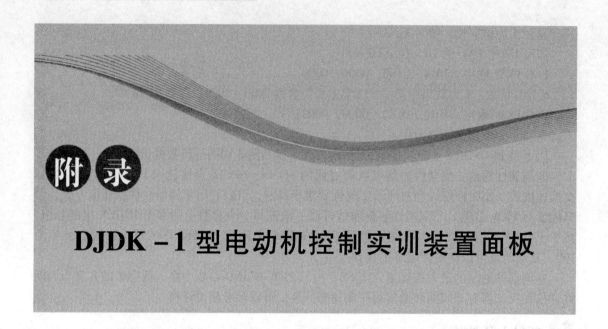

附　录

DJDK-1型电动机控制实训装置面板

附图1　电源控制屏

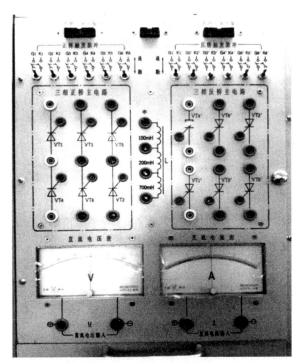

附图2　晶闸管主电路

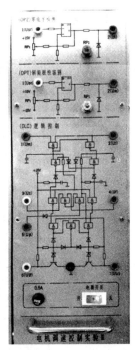

附图3　三相晶闸管触发电路

附图4　电动机调速控制实验Ⅰ

附图5　电动机调速控制实验Ⅱ

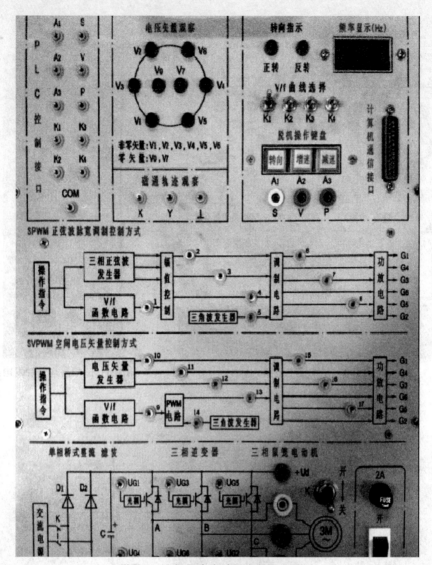

附图6　三相异步电动机变频调速控制

参 考 文 献

[1] 陈伯时. 电力拖动自动控制系统. 第2版［M］. 北京：机械工业出版社，1996.
[2] 郭庆鼎. 异步电动机的矢量变换控制原理及应用［M］. 沈阳：辽宁民族出版社，1988.
[3] 王任祥，王小曼. 通用变频器选型、应用与维护［M］. 北京：人民邮电出版社，2005.
[4] 钱平. 交直流调速控制系统. 第2版［M］. 第二版. 北京：高等教育出版社，2005.
[5] 陈振翼. 电气传动控制系统［M］. 北京：中国纺织工业出版社，2007.
[6] 周德泽. 电气传动控制系统的设计［M］. 北京：冶金工业出版社，1985.
[7] 孔凡才. 自动控制原理与系统［M］. 北京：机械工业出版社，2007.
[8] 谭建成. 电机控制专用集成电路［M］. 北京：机械工业出版社，2003.
[9] 于润伟. MATLAB 应用技术［M］. 北京：机械工业出版社，2011.
[10] 周渊深. 电力电子技术［M］. 北京：机械工业出版社，2010.
[11] 王云亮. 电力电子技术［M］. 北京：电子工业出版社，2004.
[12] 焦斌. 自动控制原理及应用［M］. 北京：高等教育出版社，2004.
[13] 王离九. 电力拖动自动控制系统［M］. 武汉：华中理工大学出版社，1991.
[14] 廖晓钟. 电气传动与调速技术［M］. 北京：中国电力出版社，1998.
[15] 周渊深. 交直流调速系统与 MATLAB 仿真［M］. 北京：中国电力出版社，2007.
[16] 刘竞成. 交直流调速系统［M］. 上海：上海交通大学出版社，1985.
[17] 董景新. 控制工程基础［M］. 北京：清华大学出版社，1992.
[18] 魏连荣. 交直流调速系统［M］. 北京：北京师范大学出版社，2011.
[19] 莫正康. 电力电子应用技术［M］. 北京：机械工业出版社，2000.
[20] 电力电子技术及电机控制实验装置（实验指导书），2003.